U0079649

大樂文化

大樂文化

大樂文化

阿甘財報課

選股不難，我用一張圖表教你挑出獲利又誠實的好公司！

國貞克則◎著　李友君◎譯

財務3表図解分析法

目錄

CONTENTS

第2章 從財報挑選一家好股票，要做5件事！ 047

第3章 地雷股與成長股的財報怎麼看？ 137

第4章 優質股的財報有這些差異與特點！ 207

第5章

挑選股票時，不可遺漏哪些重點？ 241

推薦序
從現金流量表看出企業的故事

商周〈不看盤投資術〉專欄作家　股魚

「財務的三大報表中，哪一個最需要用心觀察呢？」面對學員提出的問題，我總是直接回答「現金流量表」。然而，這個答案往往讓他們感到困惑。

企業經營中最重要的，難道不是觀察企業的獲利與體質嗎？現金流量表僅是表達現金流動的方向，為什麼反而需要用心看待呢？這是因為從現金的流動，可以看出經營者對於企業運作現況的真正想法。例如：

- 需要積極擴張事業版圖時，是否投入資金，甚至加碼投資？
- 獲利後對於股東的回饋程度如何？
- 企業是否面臨入不敷出的危機？

以上幾個問題都可以從現金流量表看出。一般的書籍大多注重如何判斷財務指標，然而更多的情況下，指標不是從單一數字的升降就可以判斷，而是需要藉由經驗與橫向分析獲取比對的基準。

本書針對財報內容分析，而非單純地從指標分析切入，因此能帶領讀者從財報中讀出企業經營者的想法，以及後續造成的影響。像是積極運用財務槓桿擴大規模，或是極力打消債務拉高體質安全性。不同企業有不同的做法，但最終的目的都是為股東創造豐厚的報酬。

以現金流量表作為主要觀點的分析並不多見，若你想從書中得知快速解析企業經營狀況的方法，那麼運用杜邦公式拆解的三種指標，能幫你判斷企業用何種方式提高股東權益報酬。

如果你想了解怎麼全面解讀財報，進而判斷經營者的企圖，那麼現金流量表加上杜邦公式，再透過本書的解析就是你最佳的參考範本。

想真正讀懂財報嗎？請不要錯過本書的內容。

前言
如何用一張圖表，嗅出股價的秘密？

本書《阿甘財報課》，是《財務三表整體分析法》❶的全面修訂版，特色在於使用圖解分析財報，讀者即使不是會計專家，也能透過財務報表分析公司的經營狀態。因此，本書將重點放在為會計素人解說財務分析觀念，以及傳授判讀財務資料的方法。

本書有兩大特徵，第一是圖解分析。將財報中的資料畫成圖形的類比資料，比接觸數字羅列的數位資料，更能一眼看出許多資訊。而且，圖解分析是以杜邦模型為基礎，即使會計素人也能將財務分析做得有條有理。至於杜邦模型的詳細介紹，則待正文說明。

❶《財務三表整體分析法》在日本於二〇〇九年出版，但在台灣尚無譯本。

第二大特徵是使用許多篇幅分析現金流量表（Cash flow Statement，簡稱CS）。現金流量表是寶貴的財務資料。只要看了現金流量表，不論是公司狀況或是經營者的決策都能一目瞭然。

拙作《連稅務人員都跟他學的財報課》（中文繁體版由大樂文化出版）以淺顯易懂的方式說明會計的結構，特色在於從損益表（Profit and Loss Statement，簡稱PL）和資產負債表（Balance Sheet，簡稱BS）的關係中，了解現金流量表。因此，我將這套方法稱為「財務三表整體理解法」。

本書也很重視現金流量分析，從這個層面來說，將財務三表融為一體來分析，也是本書的特色之一。

書中保留《財務三表整體分析法》使用過的部分財務資料，並分析當時發生的變化，同時也分析二〇一六年上半年蔚為話題的三菱汽車（Mitsubishi Motors）和夏普（SHARP）的財務報表。各位只要閱讀本書內容，就能明白這兩家公司實際的經營狀態。此外，還詳細說明三菱汽車和夏普的股東權益變動，闡明兩家公司為了脫離經營困境，曾針對會計問題採取的行動。

書中的財務分析基本上是採用二〇一六年各家公司的資料。然而，財務分析的觀念不會隨著時代變化而大幅更動，所以各位閱讀時，不必太在意財務資料的年份。

這次的全面修訂也變更部分財務分析的算式。財務分析的基本觀念沒有改變，只不過將算式簡化，更加適合會計初學者。至於算式如何變更，請見正文說明。

另外，本書增加歐美企業的例子。商業正逐漸全球化，我們可以看到許多歐美企業的經營方式與日本截然不同，各位將透過本書看到歐美的實際狀況。

《連稅務人員都跟他學的財報課》提出學習複式簿記會計的新方法，大幅縮短各位了解會計架構的時間，而本書則一鼓作氣縮短各位與財務資料的距離。

即使是會計素人，閱讀本書後也能利用財務資料分析公司的經營狀態。相信各位透過觀察財務資料，就能獲得許多新發現。

第 1 章

將財報化繁為簡，連阿甘也看得懂！

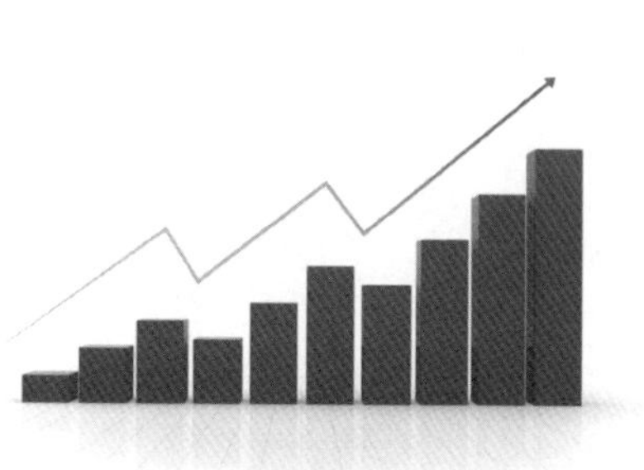

1 公司是如何成立？如何從財報看獲利好壞？

分析財務狀況時，首先要大致理解財務報表在寫什麼。所有的公司都要進行三項活動，首先是**籌集資金**，接著拿資金做**投資**，進而**獲取利潤**，如圖表1-1所示。

幾乎所有商業人士都必須想方設法獲取利潤，必須掌管營業收入、費用和利潤，所以可能不會注意到整體事業，但是有創業經驗的經營者都知道這三項活動。

準備創業需要一筆錢，通常以股本和借款的形式籌集資金，而需要錢的原因則是為了投資。製造業需要資金建設工廠，餐飲業需要資金安排店面，才能透過投資的工廠和店面獲取利潤。

貿易商和零售業會用籌集的資金投資商品，再販賣出去以獲取利潤。若是像我一樣從事研習講師之類的服務業，剛開始雖然不需要太多資金，但仍要租用辦公室，購置

圖表 1-1　所有公司共通的三項活動

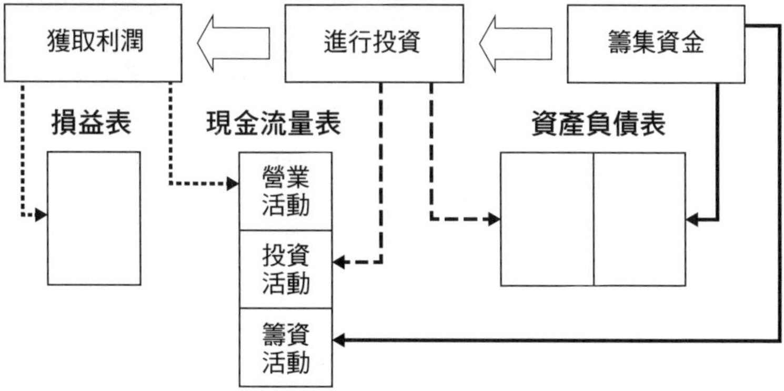

圖表 1-2　以財務三表呈現事業整體的營運流程

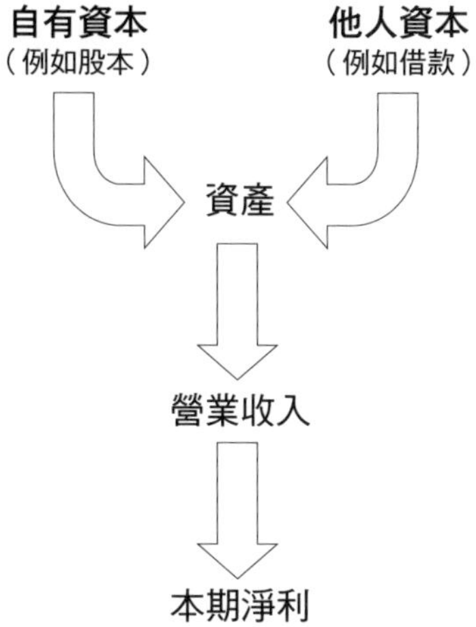

書桌及書櫃等物品。儘管金額微薄，仍需要投資某些事物，並活用投資的事物獲取利潤。

籌集資金→進行投資→獲取利潤的活動適用於所有事業，而這三項活動能以損益表、資產負債表和現金流量表來表示。

從圖表1-2可知，這三項活動籌集的資金分為自有資本（例如股本），以及他人資本（例如借款），而營業收入在資產和利潤（本期淨利）之間，這就是事業整體的營運流程。這個流程可透過財務三表來表示，因此我們只要利用財務三表，分析事業整體的營運流程是否高效即可。

2 企業如何用別人的錢經營一家公司？股東有何權利？

經營者的重要工作之一，是讓事業整體的營運流程能高效，而股東則參考股東權益報酬率（ROE），作為評定是否高效營運的重要財務分析指標。

股東權益報酬率的全稱是 Return on Equity。Return 在這裡的意思是本期淨利，Equity 則是自有資本。將本期淨利÷自有資本，等於股東權益報酬率，可見圖表1-3。

投資股票時，股本和本期淨利的關係，與定存中本金和利息的關係極為相似。經營者使用股東出資的股本進行事業活動，其一年產生的本期淨利就像定存中的本金，透過定存產生利息。

換句話說，股東權益報酬率是投資事業所產生的利率。股東很在乎自己出資的股本，在一年當中會產生多少利息（本期淨利）。

圖表 1-3 股東權益報酬率是評估事業績效的關鍵

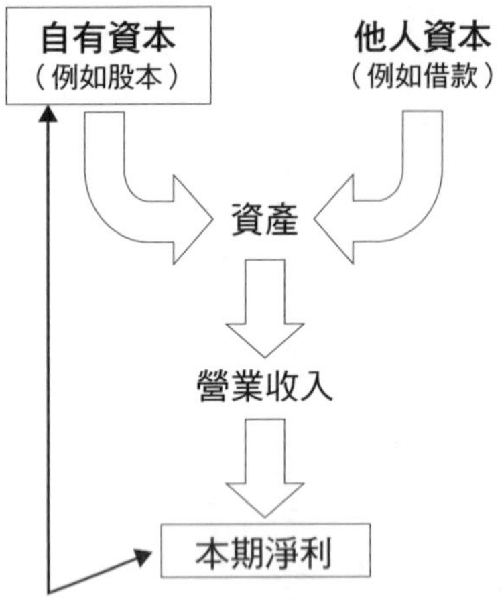
自有資本
（例如股本）
他人資本
（例如借款）
資產
營業收入
本期淨利

股東權益報酬率（%）＝本期淨利÷自有資本×100

進一步來說，假如股東不能拿到股利，就沒有出資的意義。利潤分紅以未分配盈餘為基礎，未分配盈餘則是由本期淨利積累而成。

換句話說，未分配盈餘來自於本期淨利，與股東出資的股本息息相關，因此股東非常關心能產生多少本期淨利。

近來有愈來愈多人認為公司為股東所有，對公司經營指手畫腳的股東也逐漸增加。因此，最近許多上市企業的重大經營目標，是將股東權益報酬率的數值明定為一〇%以上。

假如從股東的角度評估事業整

體績效，股東權益報酬率是重要指標。不過，若將事業整體的營運流程分割為三個階段，就可以分析哪些地方要以什麼方式經營，是否能達到高效經營。

請各位看圖表1-4，我們從下方的第三階段開始說明。從這裡可以看出營業收入能以多高的績效轉換成利潤，算式為本期淨利÷營業收入。

請想像一下，假設A公司和B公司都經營餐飲業，工作型態相同。然而，即使行業、工作型態、營業收入都相同，有些公司能獲取很多利潤，有些公司卻沒那麼賺錢。這時需要將營業收入轉換成利潤，用本期淨利率表示經營績效。

接下來談第二階段，要探討投入的總資本（調度的總資產）能以多高的績效轉換成營業收入，算式為營業收入÷總資本。資產負債表右邊的合計稱為總資本，左邊的合計稱為總資產，總資本周轉率和總資產周轉率計算的數字相同，因此以下皆以總資本周轉率表示。

假設A公司和B公司都是餐飲業，工作型態相同，甚至連店面大小也一樣，而且比鄰而居。其中一家公司在該地點、使用相同大小的店面獲得大量營業收入，而另一家公司表現不佳，我們便能透過總資本周轉率看出投資績效。

最後，介紹最上方的財務槓桿（Financial leverage），算式為總資本÷自有資本，

圖表 1-4　將事業整體分成 3 階段，再進行分析

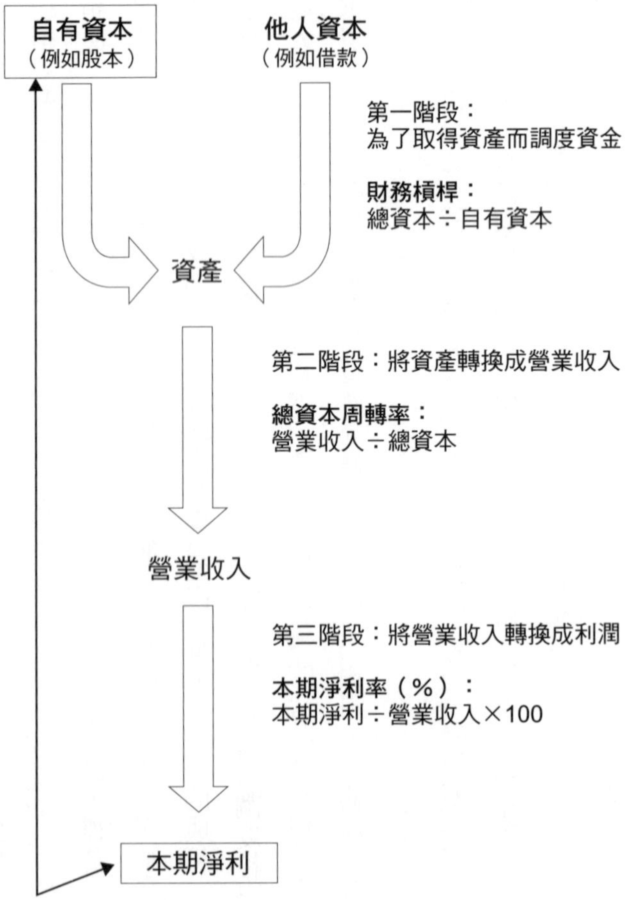
自有資本
（例如股本）
他人資本
（例如借款）
第一階段：
為了取得資產而調度資金
財務槓桿：
總資本÷自有資本
資產
第二階段：將資產轉換成營業收入
總資本周轉率：
營業收入÷總資本
營業收入
第三階段：將營業收入轉換成利潤
本期淨利率（%）：
本期淨利÷營業收入×100
本期淨利

股東權益報酬率（%）＝本期淨利÷自有資本×100

＊轉載自大衛・麥金（David Meckin）著作《別讓數字唬了你》（*Naked Finance*），部分內容經過修正。

可以看出他人資本相對於自有資本佔了多少比例。槓桿指的是力學上的槓桿，至於為什麼稱為槓桿，則以圖表1-5說明。

接下來，請各位想像自己是經營者，往下看到圖表1-5顯示的營運狀況。假設各位有某項事業需要一千萬日圓的投資額，且一千萬日圓的投資額會產生一千萬日圓的營業收入，也就是說，總資本周轉率為「一」。然後，請各位再假設，經營這項事業能讓一千萬日圓的營業收入產生一百萬日圓的本期淨利，則本期淨利率為一〇%。

如果這項事業不出差錯、經營穩定，任何人管理都能有一樣的成績，那麼該怎麼調度一千萬日圓的投資額？以股東的立場來看，當然希望能用借款調度投資所需的一千萬日圓。

借款的本金部分不會影響損益表，會產生影響的只有利息。假設一千萬日圓的借款利率為三%，借款產生的支付利息則是三十萬日圓。由於這項事業的本期淨利率為一〇%，若不考慮資金調度的報酬率，從借款集資而來的利潤就要減掉三十萬日圓的利息，本期淨利變成七十萬日圓。

從股東的觀點來看，這家公司的經營者可評價為能幹的管理者，因為他沒動到任何一分股本，還善加活用借款的槓桿增加利潤。

圖表 1-5 財務槓桿是什麼？

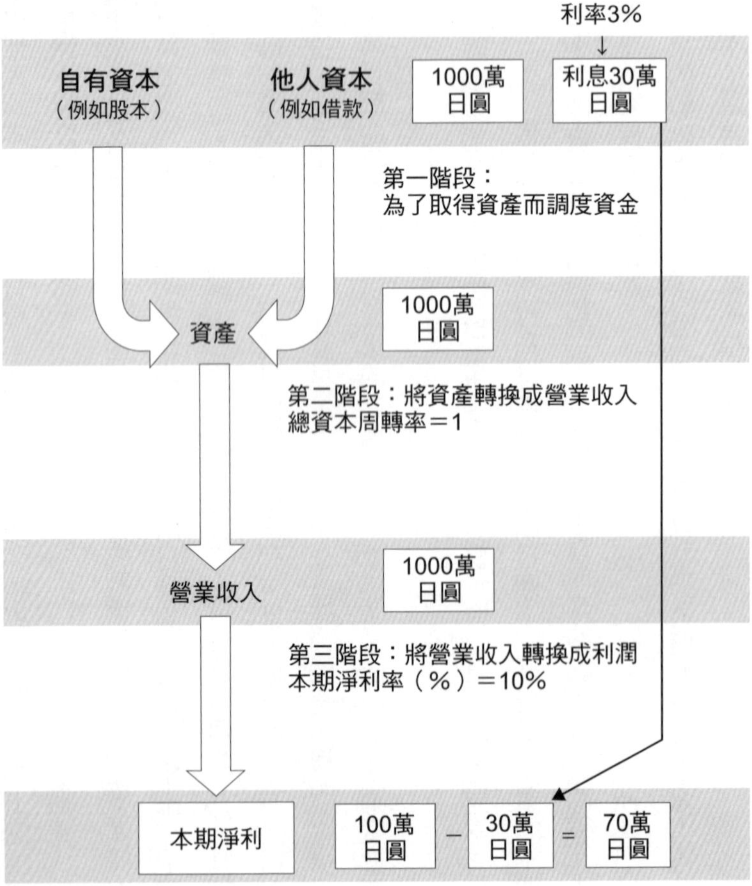
利率3%
自有資本
（例如股本）
他人資本
（例如借款）
1000萬
日圓
利息30萬
日圓
第一階段：
為了取得資產而調度資金
資產
1000萬
日圓
第二階段：將資產轉換成營業收入
總資本周轉率＝1
營業收入
1000萬
日圓
第三階段：將營業收入轉換成利潤
本期淨利率（%）＝10%
本期淨利
100萬
日圓
－
30萬
日圓
＝
70萬
日圓

槓桿一詞頻繁出現在歐美的年度報告（Annual Report）當中。由於歐美的企業經營者明確知道，自己是受股東委託來管理公司，而且董事酬勞取決於股東大會的決議，因此經營者必須出席股東大會，請求股東提高董事酬勞：「我在經營時負責管理各位股東的股本，並活用借款的槓桿增加利潤，沒有動用股本的一分錢，是個能幹的經營者。所以，各位能否提高董事酬勞呢？」

既然如此，為了經營某項事業，無論如何只要借錢就對嗎？事實上並非如此。以公司負責集資的觀點來看，會發現借款是風險較高的方法。若是透過借款集資，無論經營狀況是赤字還是黑字，都必須支付利息。當然，與金融機構約定償還的本金，也是不論赤字或黑字都必須償還。

相對地，若透過股本集資，要是持續虧損就沒必要分紅，而且作為本金的股本也沒必要償還。從這個層面來看，以借款取得資金，風險遠比以股本集資還高。

經營者的工作之一，是要衡量事業是否可靠、集資的方法有什麼特徵，同時判斷哪個事業要以哪種集資方式投資。舉例來說，像創投公司這種成功機率低的業種，不能為了投資而去借款。由於創投公司失敗的機率極高，最後可能落得徒留債務的下場。

歸納前面介紹的財務分析觀念：財務報表當中羅列許多數字，會計素人若想透過財務報表大致分析經營狀態，要先確認四個數字——股東權益報酬率、財務槓桿、總資本周轉率和本期淨利率。如此一來，會發現要分析的公司處於哪個階段，以怎樣的績效經營。

3 企業如何用少少錢，槓桿出大利益？

假如以損益表和資產負債表的圖形，表示前面說明的事業整體營運流程，就可以看出資本主義社會的機制。請各位看圖表1-6，右邊是損益表，左邊是資產負債表，請將圖形的面積想像成每個項目代表的金額大小。

資本主義社會中，事業始於股東提供的股本，也就是自有資本。假如單憑自有資本經營事業，能調度的額度只有自有資本的金額。若有股東以外的人對這項事業感興趣，願意出手借錢，公司就能以他人資本的名義，籌集到股東以外的資金。他人資本相對於自有資本佔了總資本多少百分比，就是財務槓桿。（圖中的①）。

接下來，要使用調度的資產提升營業收入。總資本和營業收入的比就是總資本周轉率（圖中的②），而將營業收入轉換為本期淨利的績效是本期淨利率（圖中的③）。

圖表 1-6 資本主義社會中的事業流程

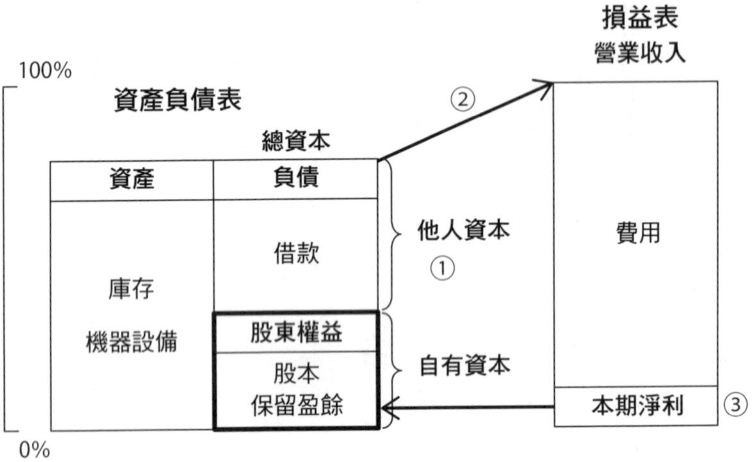

本期淨利會累計為資產負債表的保留盈餘，逐漸增加股東的自有資本。

這整個過程就是資本主義社會中的事業機制。換句話說，資本主義社會的機制，是以股東的股本或是別人提供的資本開創事業，再透過事業產生的利潤，增加股東的自有資本。

其實，用來評估事業整體績效的股東權益報酬率，能以財務槓桿、總資本周轉率和本期淨利率的乘法計算出來，如圖表1-7所示。

圖表1-7的①、②、③與圖表1-6的流程相應。圖表1-7的乘法算式消

圖表 1-7　杜邦模型

$$\text{股東權益報酬率} = \frac{\text{總資本}}{\text{自有資本}} \times \frac{\text{營業收入}}{\text{總資本}} \times \frac{\text{本期淨利}}{\text{營業收入}}$$

①	②	③
財務槓桿	**總資本周轉率**	**本期淨利率**

去分子和分母的相同項目後（消去①的分子總資本和②的分母總資本、消去②的分子營業收入和③的分母營業收入），剩下的只有③的分子本期淨利及①的分母自有資本。

本期淨利÷自有資本正是股東權益報酬率的算式。換句話說，代表事業整體績效的股東權益報酬率，是將財務槓桿、總資本周轉率和本期淨利率這三個分析指標相乘後的結果。

這項觀念是一九二〇年代美國化學公司杜邦（Du Pont）引進的業績管理方法，簡要地提示資本主義社會的構造，以及複式簿記會計的機制。

另外，評估各個流程時，通常大家會說總資本周轉率和本期淨利率的數字愈高愈好，唯有財務槓桿並非以數值高低評定好壞。財務槓桿高可說是衝動借了大筆的錢發展事業，也可說是採取大膽高風險的經營方式。另一方面，財務槓桿低的事業可說是經營穩健，但也可能缺乏挑戰的勇氣。因此，與其把財務槓桿當成判斷好壞的指標，不如說它代表經營事業的態度和方向。

另外，運用損益表和資產負債表計算財務分析指標時，資產負債表的數字通常會取期初和期末的平均，不過本書一律使用期末的數字計算。

4 為何投資高手可以從現金流量表，看出經營方向？

《連稅務人員都跟他學的財報課》有一項特徵，就是能從損益表和資產負債表的關係中理解現金流量表。理解現金流量表之後，對分析財務相當有幫助。

接下來，將詳細說明現金流量表的用法，只要看了現金流量表，就會知道公司的經營處於什麼狀況、經營者管理時在想什麼、正在進行什麼具體活動。

從現金流量表可看出，公司每年從哪裡獲得現金、用在什麼地方。透過損益表可正確計算利潤，資產負債表則是某個時間點的財產淨值一覽表。儘管損益表和資產負債表各有意義，卻無法輕易看出一年來事業活動的現金流向，唯有從現金流量表才可以看出這一點。

據說，現在美國金融機構要求企業首先提交的就是現金流量表。看了現金流量表，就可以透過一年的現金流向，了解公司在進行什麼事業活動。

另外，現金流量表還有個特色，就是難以動手腳。損益表要依循會計的規則製作，以便正確計算事業的年度利潤。

但假如有人刻意濫用，就可以輕鬆做假帳。然而，如果現金流量表最下面的現金餘額與實際的現金餘額不一致，表示有地方出錯。這也就是為什麼美國金融機構要求企業首先提交現金流量表。

美國和日本各家公司的財務報表，都以資產負債表、損益表、現金流量表的順序排列。不過，亞馬遜的財務報表則是從現金流量表開始，從這個角度也可看出近來現金流量表的重要性。

現金流量表是代表現金出入的收支計算表，分為「營業活動現金流量」、「投資活動現金流量」和「籌資活動現金流量」。在這三個欄位，現金增加時用正數（＋），減少時用負數（－）。（＋）與（－）的搭配如圖表1-8所示，從（＋、＋、＋）到（－、－、－）共有八種模式。

關於這八大模式，後面將針對其中幾項詳細說明。請各位閱讀接下來的內容時，

圖表 1-8　現金流量表的 8 大模式

模式編號	①	②	③	④	⑤	⑥	⑦	⑧
營業活動	＋	＋	＋	＋	－	－	－	－
投資活動	＋	＋	－	－	＋	＋	－	－
籌資活動	＋	－	＋	－	＋	－	＋	－
從現金流量的模式，推測公司的狀況	不但藉由營業活動賺取現金，還透過借款等方式增加現金，且在出售資產。想必是為了將來的大型投資而籌措資金。	藉由營業活動和出售資產賺取現金、償還借款。想必這家公司在試圖改善財務體質。	不但藉由營業活動賺取現金，還透過借款等手段增加現金，積極進行投資活動。將來的策略顯然屬於積極擴大型模式。	將營業活動賺取的現金用在投資活動和償還借款上。想必這家公司的營業現金流量寬裕。	營業活動現金流量的虧損，是以出售資產和借款等方式填補。這是公司出問題後常見的模式。	營業活動現金流量的虧損及有待償還的借款，是透過出售資產來填補，出售過往的積蓄以延續事業。或許這家公司擁有許多資產。	雖然不能藉由營業活動賺取現金，卻在進行投資活動。營業活動現金流量和投資活動現金流量的虧損，是以借款等方式填補。現況雖然艱苦，卻對將來相當有信心。	雖然不能藉由營業活動賺取現金，卻在進行投資活動，也在償還借款。想必過去有大量的現金儲蓄。

在腦中回想直接法現金流量表❷。直接法現金流量表是直接累積現金流向而製成，較為簡單易懂。

首先介紹模式⑤。營業活動現金流量為負值，意味著營業活動愈多，現金就愈少。這種公司的進貨支出和人事費支出高於營業收入，營業績效差。由於錢不可能從天上掉下來，當公司的營業活動現金流量為負值，籌資活動現金流量多半為正值。營業活動不足的金額就向其他人借，設法周轉現金。

再者，體質不良的公司連投資活動現金流量都是正值。投資活動現金流量為正值，表示藉由投資活動讓錢流進公司，例如：出售持有的土地或股票。

另一方面，當公司體質健全，營業現金流量為正值，指的是透過營業活動增加現金。各位可以從第三章蘋果公司的現金流量表，看到驚人的營業活動現金流量。這類公司的籌資活動現金流量通常為負值，屬於模式②和模式④。籌資現金流量為負值，表示公司試圖償還借款、提高自有資本的比率，以追求穩健經營或給股東高額分紅。

此外，有先見之明的經營者會積極進行投資活動，就如模式③的例子。積極地進行投資活動，就是將公司的錢拿出去投資，因此投資活動現金流量上顯示為負值。這樣的公司不只會用自己賺來的錢投資，還會透過借款、發行新股和公司債券等方法籌集資金。因此，營業活動和籌資活動的現金流量皆為正值。

圖表1-8下方的文字，推測八大模式分別屬於哪種類型的企業。請各位也推測看看，不同模式的公司處於什麼狀況、經營者營運公司時在思考什麼。圖表1-8的說明文字不過是單一案例，各位應該還會想到其他狀況。

投資活動和籌資活動的現金流量，特別需要再稍微詳細檢視內容。投資活動現金流量大致可分為兩種：買賣非流動資產（例如設備）以及買賣有價證券，而這兩種活動分別代表不同的經營方向。

另外，籌資活動現金流量大致也可分為兩種：借款和償還，以及取得股息和庫藏股❸。即使籌資活動現金流量同樣為負值，償還借款和支付股利兩者的意義也不相同。

只要先大致掌握現金流量表的八大模式，再仔細觀察現金流量表的各個欄位，就能看出公司具體的活動和經營者的決策。具體實例將在第二章詳細說明。

❷ 整理現金流量表時，分為直接法與間接法。直接法是基於實際現金變化製作而成、較為耗時；間接法則可運用損益表和資產負債表計算得出，詳細可見《連稅務人員都跟他學的財報課》。

❸ 庫藏股全稱為庫藏股票，是指公司將自己已經發行的股票重新買回，存放於公司。

5 如何用一張圖分析資產負債表，透視股票價值？

現在，我歸納一下目前講解過的財務分析方法。首先，透過損益表和資產負債表的數字，整理出股東權益報酬率、財務槓桿、總資本周轉率和本期淨利率，接著再分辨現金流量表的八大模式。

不過，我建議各位，即使知道如何閱讀財務報表，也先別一頭鑽進其中大量瑣碎的數字當中，會計素人應該活用圖解分析的方法。比起接觸羅列大量數字的資料，人們更能從畫成圖形的資料中快速讀出許多資訊。

我曾擔任中小企業的顧問，跟公司社長談論會計時，也盡量將資產負債表畫成圖形再呈報。

圖表1-9中的A公司和B公司，是我在約十年前開始籌辦會計研修時，替伊藤洋華

堂（Ito Yokado）和大榮超市（Daiei）繪製的資產負債表圖形。

我們有時會透過流動比率觀察公司付款能力是否優良，算式為流動資產÷流動負債。以文字表現財務分析指標的算式，可能無法馬上明白其中的意義。不過，用圖形呈現後即可以瞬間了解。

先看圖表1-9左邊的A公司前期圖。流動比率是要比較圖表上方的淺色方框，而流動資產指的是預計一年內可變現的資產；流動負債則是必須在一年內償還的負債。假如一年內可變現的資產多於一年內須償還的負債，代表付款能力相當不錯。

接著請看B公司前期的流動比率，一年內可變現的資產遠遠小於一年內須償還的負債。我們可以發現，當時大榮超市若沒有銀行的支援，就沒有可周轉的現金。

觀察公司經營的安全性時，我們可以盤點固定比率，它的算式為非流動資產÷自有資本。自有資本是股東權益的合計，也就是由股本和保留盈餘所組成、不需要償還的金額。

從固定比率可以發現什麼呢？請看圖表1-9 A公司本期（右邊）圖表當中的深色方框。固定比率指的是非流動資產除以自有資本（股東權益的合計）後所得出的數值。如前文所述，自有資本主要由股本和保留盈餘所組成，不償還也沒關係。就固定比率的意

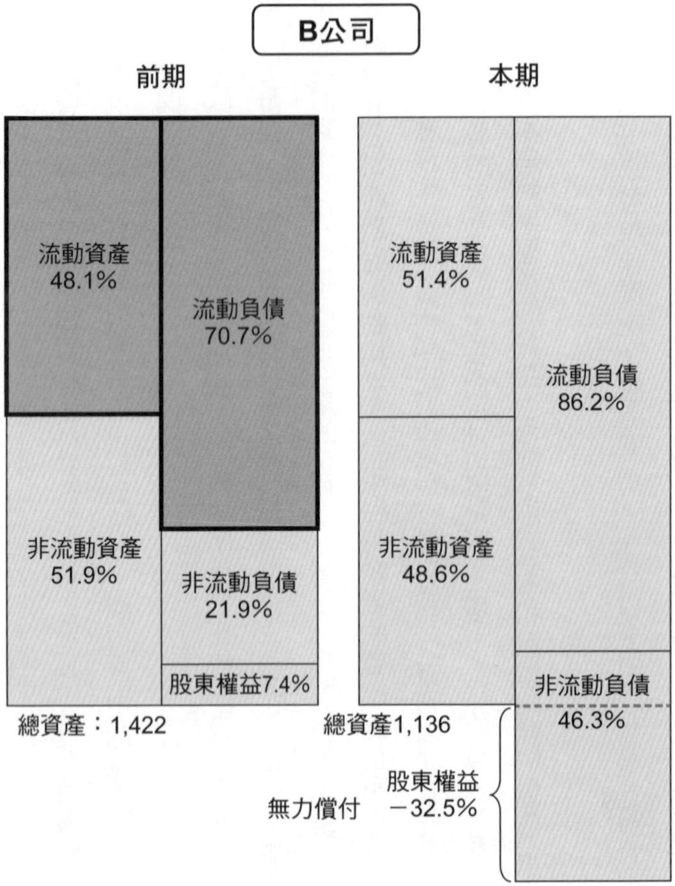
B公司
前期
本期
流動資產
48.1%
流動負債
70.7%
非流動資產
51.9%
非流動負債
21.9%
股東權益7.4%
總資產：1,422
流動資產
51.4%
流動負債
86.2%
非流動資產
48.6%
非流動負債
46.3%
總資產1,136
股東權益
－32.5%
無力償付

圖表 1-9　比較 A、B 公司的資產負債表圖形

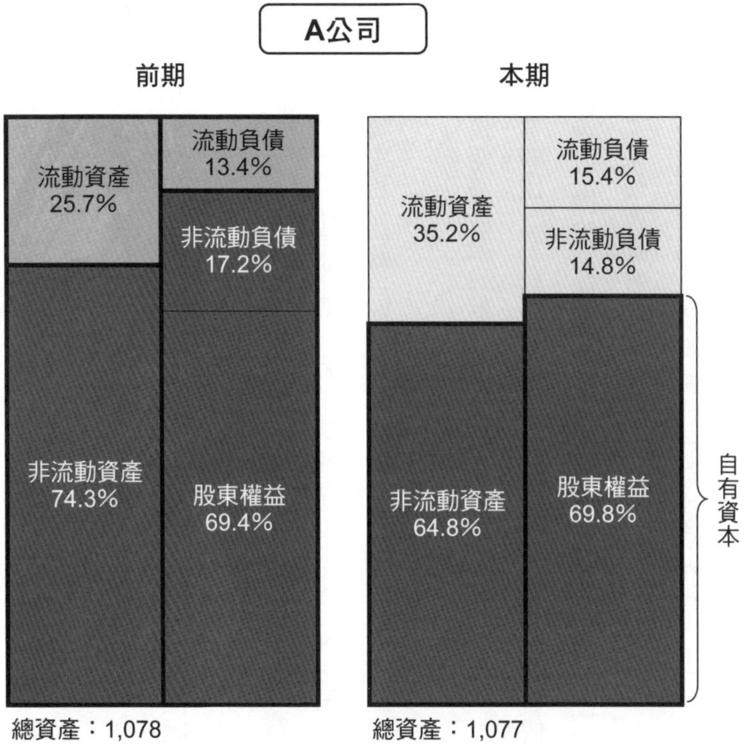
A公司
前期
流動資產
25.7%
流動負債
13.4%
非流動負債
17.2%
非流動資產
74.3%
股東權益
69.4%
總資產：1,078
本期
流動資產
35.2%
流動負債
15.4%
非流動負債
14.8%
非流動資產
64.8%
股東權益
69.8%
自有資本
總資產：1,077

單位：10億日圓

流動比率	流動資產÷流動負債
固定比率	非流動資產÷自有資本
固定長期適合率	非流動資產÷（自有資本＋非流動負債）

義而言，假如某些固定不變、無法馬上變現的資產（非流動資產），能在自有資本的範圍中調度，就可以算是安全經營。

不過，這種經營狀態良好的公司並沒有那麼多，所以接下來要說明何謂固定長期適合率。這是另一個可看出是否安全經營的指標，算式為非流動資產÷（自有資本＋非流動負債）。

請看圖表1-9，A公司前期下方的深色方框。固定長期適合率是非流動資產除以自有資本和非流動負債相加後的值。假如某些固定不變、無法馬上變現的資產（非流動資產），能在自有資本和允許長期償還的負債（非流動負債）範圍中調度，基本上可說是安全經營。

另外，固定長期適合率的英文是 Fixed assets to longterm capital ratio，直譯是「非流動資產和長期資本的比」。長期資本是指自有資本和非流動負債的加總。

剛開始我聽到「固定長期適合率」這個詞時，心想：「固定長期指的是什麼東西？」看來用英文來學會計會比較好懂。

回到正題，像這樣將數位資料轉換成類比資料後，就能憑直覺掌握許多資訊。我們在進行財務分析時，只要活用圖解方法，就能獲得極佳的功效。第二章以後將活用圖解分析方法，分析各家企業的財務狀況。

或許有些讀者會感到疑惑，為什麼圖表1-9，B公司本期的圖形右邊會往下多出一塊？關於這一點，第二章將詳細說明。

NOTE

NOTE

第 2 章

從財報挑選一家好股票，要做 5 件事！

1 畫出一張表，看出這家公司賺不賺錢（以三菱汽車為例）

◆步驟1：將損益表和資產負債表，繪製成圖形

只要融合第一章說明過的圖解分析和杜邦模型，會計素人也能以更輕鬆的方式，有條理地進行財務分析。

二〇〇九年出版的《財務三表整體分析法》，是從馬自達汽車（MAZDA）和三菱汽車工業（以下簡稱三菱汽車）的比較開始說明。二〇一六年撰寫本書之際，三菱汽車成為眾人熱列討論的話題。

二〇一六年五月十二日，以三菱汽車偽造油耗問題為發端，日產汽車（Nissan

Motor，以下簡稱日產）的社長卡洛斯・戈恩（Carlos Ghosn）公布資本業務合作案，向三菱汽車出資二千三百七十億日圓，持有三菱汽車三四％的股權，成為最大股東。本書將從三菱汽車的例子開始解說。

圖表2-1是依據三菱汽車的損益表和資產負債表繪製而成，也就是將具體數字填入圖表1-6的圖形，並以同樣的比例尺繪製。

另外，三菱汽車於二〇一六年五月二十五日公布修正決算，把因偽造油耗問題，而產生的油耗檢測相關損失（一百九十一億日圓），認列為二〇一六年三月期損益表的非常損失（日本企業大多將決算期定在三月底，二〇一六年三月期指的是二〇一五年四月初至二〇一六年三月底的財務資料）。本書採用修正後的決算概況數字製作圖表。

◆步驟2：進行圖解分析，依序確認5重點

該怎麼看這張圖呢？如同圖表1-6所說明，觀看時只要依照事業整體的營運流程即可。首先從資產負債表的右邊看起，表示股東權益的自有資本與表示負債的他人資本，兩者金額大致相同。

觀察資產負債表的右側時，請務必確認兩個重點。第一個是「有息負債」，顧名思義，這是指帶有利息的負債，也就是純粹的借款，具體來說有短期借款、長期借款、公司債券和租賃債務等。由於負債中不只有純粹的借款，還有應付帳款和應付所得稅等負債，因此單單將純粹的借款抽出，標明在資產負債表的右邊。從圖中可見，三菱汽車可說是幾乎沒有借款。

第二個要盤點的重點是保留盈餘。保留盈餘基本上是由過去的利潤累計而來。三菱汽車累計了四千八百八十六億日圓的保留盈餘。其實這邊有個稍微複雜的重點，後面將會詳細說明。

我締結顧問契約時，一定會閱讀客戶的財務報表，而且無論如何都要先看有息負債和保留盈餘。假如有息負債少、保留盈餘多，幾乎什麼都不用問，就可以直接向經營者表示：「您經營得很出色。」實際上，就算不曉得是否經營出色，可以肯定的是，這家公司過去曾有過一番榮景。因為借款少，且累計了許多利潤。

不過，保留盈餘會隨著分紅而減少，有些公司正因為如此而沒有累計保留盈餘，但實際上過去不斷產生利潤。

通常我們會稱有息負債少，且保留盈餘多的公司為優質企業。例如：優衣庫

圖表 2-1 三菱汽車（2016 / 3）

股東權益報酬率	10.6%
財務槓桿	2.09
總資本周轉率	1.58
本期淨利率	3.2%

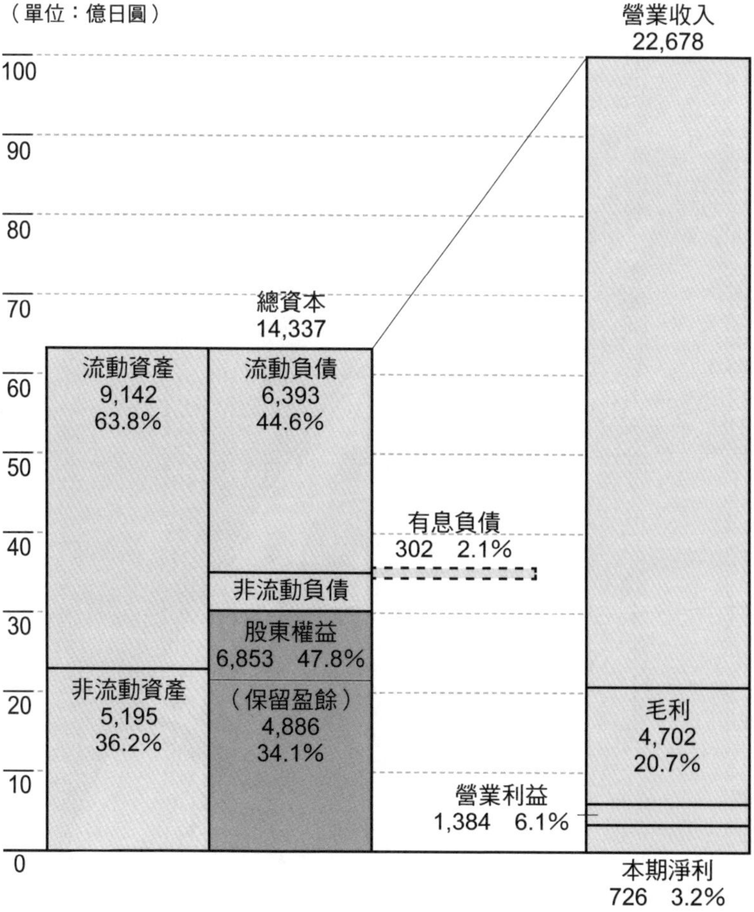

（單位：億日圓）
營業收入
22,678
100
90
80
70
60
50
40
30
20
10
0
總資本
14,337
流動資產
9,142
63.8%
非流動資產
5,195
36.2%
流動負債
6,393
44.6%
非流動負債
股東權益
6,853 47.8%
（保留盈餘）
4,886
34.1%
有息負債
302 2.1%
營業利益
1,384 6.1%
毛利
4,702
20.7%
本期淨利
726 3.2%

（UNIQLO）、任天堂（Nintendo）、蘋果和 Google 等公司，保留盈餘都多得像座小山。但是有息負債多、保留盈餘少，也不能說都是經營不善的公司。這一點將會在第三章具體說明。

看完資產負債表的右側，接下來看左側，可以看出這家公司的投資策略。有些公司穩健經營，擁有許多約當現金，而有些公司則積極投資設備，非流動資產龐大，另外有些公司擁有股票和其他有價證券。不過，這些都必須看資產負債表的詳細項目才會知道。

請各位先把細節擱在後頭，從資產負債表的圖形大致判讀經營的安全性。圖表1-9說明過流動比率和固定長期適合率。這裡則要說明如何判讀經營的安全性，請將資產負債表簡化為圖表2-2再行使用。

流動比率能看出支付能力，算式為流動資產÷流動負債。要比較的對象是圖表2-2上半部白色方框部分。假如流動資產多、流動負債少，就能看出支付能力良好。

流動比率的適當值依行業而異，不能輕易下定論，但一般來說，未滿一〇〇％就不算是良好狀態。

流動比率良好的公司，固定長期適合率會自動形成漂亮的數字。固定長期適合率

圖表 2-2　檢視經營的安全性

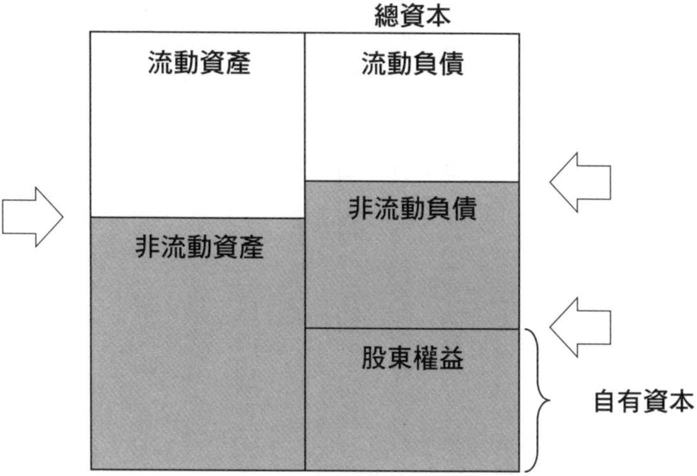

的算式為非流動資產÷（自有資本＋非流動負債），可比較圖表2-2的灰色方框處。

流動比率和固定長期適合率的算式完全不同，但就像是硬幣的正反面，要看的東西其實都一樣。

換句話說，資產負債表左側（資產部分）的流動與非流動間的分隔線愈往下、資產負債表右側（負債部分）流動和非流動間的分隔線愈往上，表示支付能力愈好，經營安全性也愈高。

另外，還有一個希望各位檢視的地方是自有資本比率，算式為自有資本（股東權益）÷總資本。根據《產業別財務資料指南》（日本政策投資銀行編輯）的資料，日本上市企業的自有資本比率平均約為四二％。

自有資本比率高的公司多半可稱為優質企業，前面提及的優衣庫、任天堂、蘋果、Google，還有武田藥品工業及味之素等，都是自有資本比率極高的公司。不過，自有資本比率低的公司，並非都是經營不佳。關於這點會在第三章舉例為各位說明。

換句話說，經營的安全性是以圖表2-2當中的箭頭（⇩）表示，只需看區區三條線的位置關係，就能大致掌握情況。

三菱汽車流動比率的計算結果約為一四三％，固定長期適合率約為六五％，自有資本比率約為四八％。從一般的指標來看，三菱汽車財務上的經營安全性非常良好。

透過資產負債表大致確認經營的安全性後，接著要看總資本周轉率。這項指標看的是投入的總資本（也就是投入資金後獲得的總資產），能以多高的績效獲取營業收入。換句話說，連接資產負債表和損益表之間的線愈朝右上方傾斜，代表運用資本的績效愈好。

根據《產業別財務資料指南》的資料所示，日本上市企業的總資本周轉率平均約為〇・八％。不過，總資本周轉率會依行業不同，而出現極端的差異。三菱汽車的總資本周轉率為一・五八％，資本周轉績效看起來相當優異，不過光看這個數值還不能下任何定論。

最後是本期淨利率。損益表中表示利潤的線愈往上、報酬率就愈高。雖然這裡採用的是本期淨利率，但只要看看毛利率和營業利益率，就一定會發現這些和本期淨利率的不同。關於這一點將在第五章再次向各位說明。

◆步驟3：透過圖解，讓財務狀況清楚浮現

前面章節也說明過，以杜邦模型為基礎進行圖解分析後，該企業的財務狀況全貌就會浮現出來。從有息負債、固定長期適合率、自有資本比率等代表經營安全性的數字來看，三菱汽車的財務狀況感覺相當良好。

然而，令人難過的是，我們這樣的會計素人就算看了圖表2-1，也沒辦法評估這家公司的財務狀況。雖然可以從圖表看出三菱汽車的營業利益率為六・一％。但這個數字在汽車業界是好還是壞，我們就不清楚。

會計師和稅務專家看到各家公司的財報，可以當下判斷好壞，因為他們看過許多

財報，會與腦中的資料做比較，再評估眼前的數字。

不過請不必擔心，只要運用接下來我在下一節說明的「同業比較」和「期間比較」方法，就能評估這些數字的好壞。顧名思義，同業比較就是與同業的資料比較。期間比較則是以時間序列的方式，比較財務資料從過去到現在的變化。透過這些方法多管齊下，即使是會計素人也能進行相當深入的財務分析。

2 同產業的股票比一比，哪家值得買！

◆案例：馬自達與三菱汽車的規模相似，營運方針相異

日本有許多汽車公司，像是豐田汽車（TOYOTA）、日產和馬自達等。我們先拿和三菱汽車規模相似的馬自達做比較。以下介紹兩種繪製圖表的方法，第一種是以同比例尺作圖（可見圖表2-3）。第二種則是以圖形視覺為基準作圖（可見圖表2-4）。

圖表2-3以同樣的比例尺比較二〇一六年三月期的三菱汽車和馬自達，兩家公司各自的營業收入和總資本當中，數值最大的是馬自達的營業收入三兆四千零六十六億日圓。將這個值設定為一〇〇%，再以同樣的比例尺將所有的數字繪製成圖形。

股東權益報酬率	13.8%
財務槓桿	2.61
總資本周轉率	1.34
本期淨利率	3.9%

馬自達
（2016年3月期）

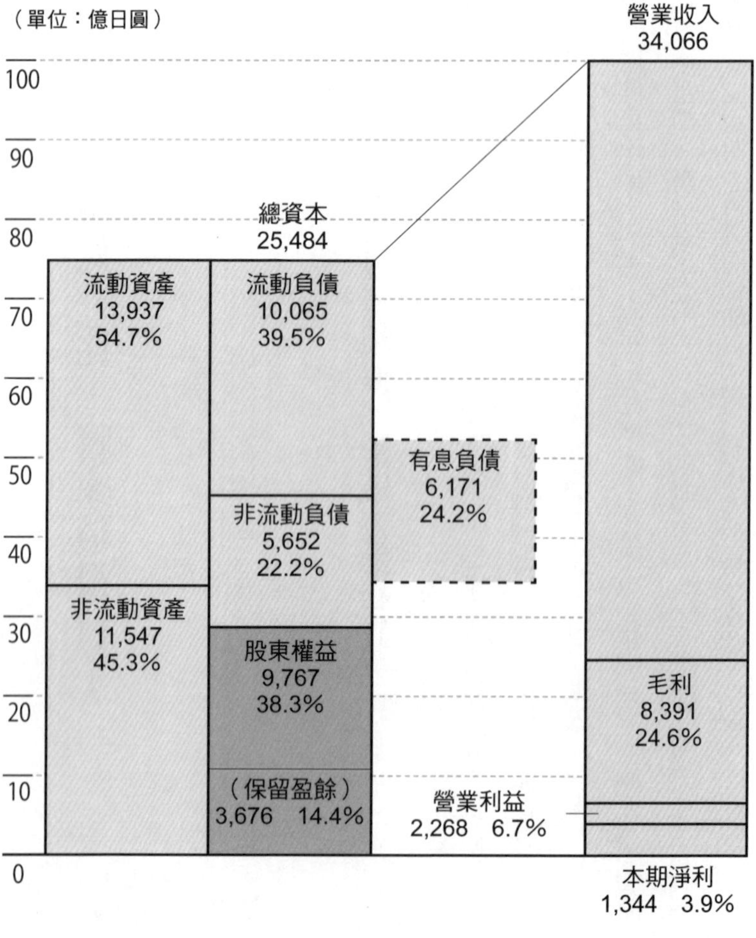

（單位：億日圓）
100
90
80
70
60
50
40
30
20
10
0
總資本
25,484
流動資產
13,937
54.7%
非流動資產
11,547
45.3%
流動負債
10,065
39.5%
非流動負債
5,652
22.2%
股東權益
9,767
38.3%
（保留盈餘）
3,676 14.4%
有息負債
6,171
24.2%
營業利益
2,268 6.7%
營業收入
34,066
毛利
8,391
24.6%
本期淨利
1,344 3.9%

圖表 2-3 以營業收入為基準比較 2 車廠

股東權益報酬率	10.6%
財務槓桿	2.09
總資本周轉率	1.58
本期淨利率	3.2%

三菱汽車
（2016年3月期）

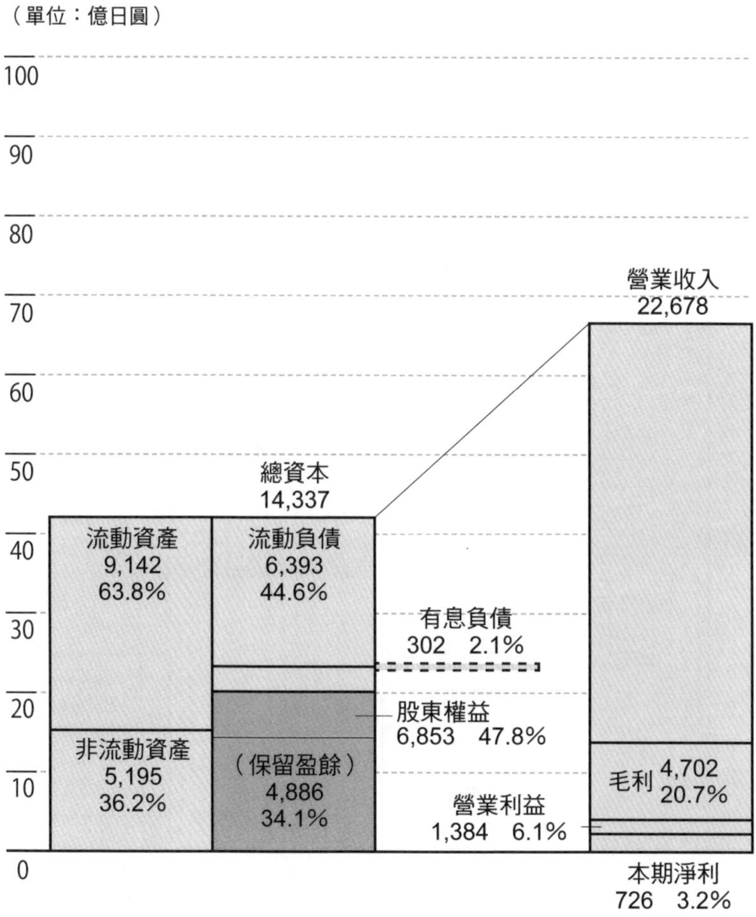

（單位：億日圓）
100
90
80
70
60
50
40
30
20
10
0
總資本
14,337
流動資產
9,142
63.8%
非流動資產
5,195
36.2%
流動負債
6,393
44.6%
（保留盈餘）
4,886
34.1%
有息負債
302 2.1%
股東權益
6,853 47.8%
營業利益
1,384 6.1%
營業收入
22,678
毛利 4,702
20.7%
本期淨利
726 3.2%

股東權益報酬率	13.8%
財務槓桿	2.61
總資本周轉率	1.34
本期淨利率	3.9%

馬自達
（2016年3月期）

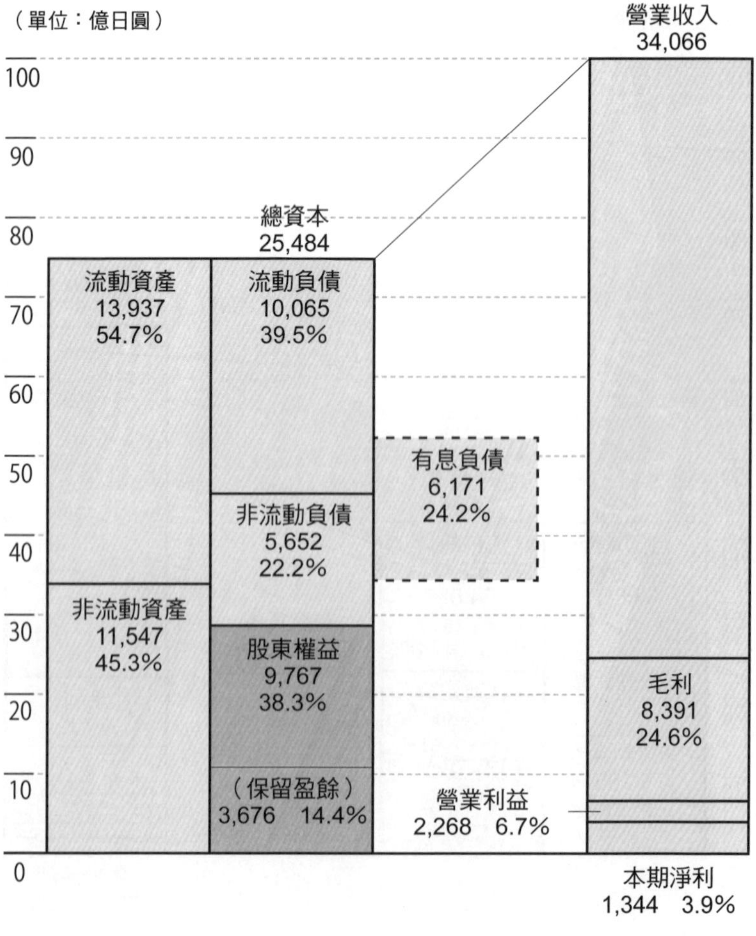
（單位：億日圓）
營業收入
34,066
100
90
80
70
60
50
40
30
20
10
0
總資本
25,484
流動資產
13,937
54.7%
流動負債
10,065
39.5%
有息負債
6,171
24.2%
非流動負債
5,652
22.2%
非流動資產
11,547
45.3%
股東權益
9,767
38.3%
（保留盈餘）
3,676 14.4%
毛利
8,391
24.6%
營業利益
2,268 6.7%
本期淨利
1,344 3.9%

圖表 2-4　以圖形視覺為基準比較 2 車廠

股東權益報酬率	10.6%
財務槓桿	2.09
總資本周轉率	1.58
本期淨利率	3.2%

三菱汽車
（2016年3月期）

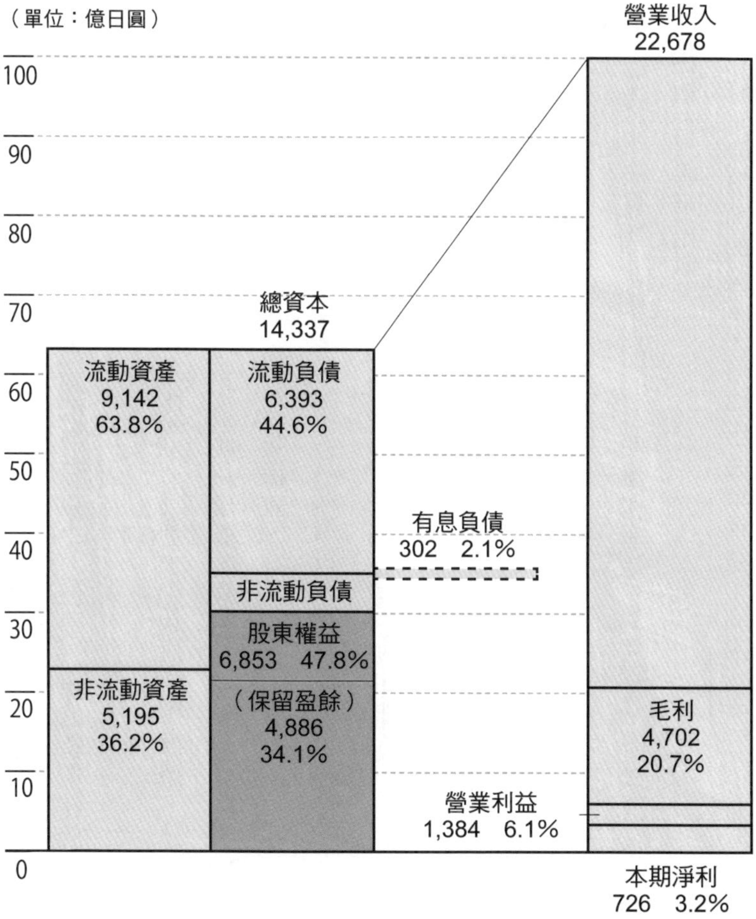

以規模來說，無論損益表還是資產負債表，馬自達的圖形面積大小都約為三菱汽車的一・五倍，馬自達的非流動資產是三菱汽車的一倍以上。三菱汽車的特徵在於有息負債極少，保留盈餘累計較多。

其次，為了在視覺上更容易比較自有資本比率、報酬率和其他分析指標，分別以兩家公司各自的營業收入為基準，調整損益表和資產負債表的樣貌，結果可見圖表2-4。透過以上作法就能不涉及規模，比較兩家公司的經營績效。

比較後，就會知道兩家公司的流動比率、固定長期適合率和其他表示經營安全性的數字都很優異。尤其是三菱汽車的固定比率未達一〇〇%，處於理想狀態。

三菱汽車累計較多的保留盈餘，因此三菱汽車的自有資本比率四七・八%比馬自達的三八・三%高。而且，三菱汽車的非流動資產比馬自達少很多，總資本周轉率則是三菱汽車比較高。

三菱汽車的本期淨利率雖為三・二%，但前面章節提到，三菱汽車認列一百九十一億日圓的非常損失，並修正決算表。修正前的本期淨利率為三・九%，所以兩家公司的營業利益率和本期淨利率看起來相似。

另外，用三菱汽車修正決算前的數字，可算出股東權益報酬率為一二・七%。股東權益報酬率是事業經營的綜合評估項目，兩家公司的數字相當接近。

近來馬自達的業績如日中天。二〇一六年的決算當中，利潤和販賣台數都創下過去的最高紀錄。以往雖然艱苦，不過最近馬自達的經營方針明確，訂立「為喜愛汽車的人製造車輛」的策略而獲得成功。

但即使與業績長紅的馬自達相比，三菱汽車的財務狀態也毫不遜色。

◆盤點各部門的財務資訊，找出公司從哪裡獲利

不過，觀察二〇一六年左右日本國內道路上的車輛，就會發現三菱汽車的車子比馬自達少很多，讓人好奇三菱汽車究竟從哪裡獲利。這時只要看看有價證券報告書或決算概況中的「部門別財務資訊」即可分曉。

一般來說，部門別財務資訊會記載於有價證券報告書，或是決算概況的合併財務報表和個別財務報表裡。部門別財務資訊裡則有事業類別、地區營業收入及利潤等資訊。

圖表 2-5 是三菱汽車的部門別財務資訊。從圖表可得知，三菱汽車在亞洲很強勢，

（單位：百萬日圓）

	大洋洲	其他	小計	調整額	合計
	213,417	20,789	2,267,849	—	2,267,849
	149	—	992,729	△992,729	—
	213,567	20,789	3,260,579	△992,729	2,267,849
	6,423	△522	137,016	1,361	138,377

圖表 2-5　三菱汽車的部門別財務資訊

（補充資訊）
以該公司和集團子公司的所在地為基礎的營業收入、營業利益和營業損失

	日本	北美	歐洲	亞洲	
營業收入 （1）對外部顧客的營業收入 （2）部門間的內部營業收入	1,330,926 537,677	287,179 16,033	111,253 7,449	304,283 431,419	
小計	1,868,604	303,213	118,702	735,702	
營業利益和營業損失（△）	67,055	8,317	619	55,123	

（注）地域劃分的主要國家及地區
（1）北美：美國
（2）歐洲：荷蘭、俄羅斯
（3）亞洲：泰國、菲律賓
（4）大洋洲：澳洲、紐西蘭
（5）其他：阿拉伯聯合大公國、波多黎各

圖表 2-6　三菱汽車的生產、販賣和出口實際績效

		2016年3月期（2015/4～2016/3）台數（台）	2016年3月期（2015/4～2016/3）去年比（%）
總產量	日本產量	652,966	100.7
	海外產量	551,842	88.1
	合計	1,204,808	94.5
日本銷售	轎車	43,159	109.0
	輕型車	58,765	78.1
	合計	101,924	88.8
出口出貨	合計	432,322	112.7

營業利益的大半都來自日本和亞洲。

接著看圖表2-6。表中的資訊刊登於三菱汽車的網站，可知二〇一五年四月到二〇一六年三月這一年來的生產、販賣和出口實績。

從圖表可知，日本國內生產的車輛約有七成外銷。順帶一提，海外生產有半數以上在泰國進行。

假如搭配圖表2-5和圖表2-6的資訊，即可看出三菱汽車的利潤結構。由於日本銷售量相當低，因此日本的營業利益大半與出口有關。由此可推測，三菱汽車的利潤來源，多半是以亞洲為中心的海外關

係企業。

再回到圖表2-4，我們會發現兩家公司的重大差異，在於三菱汽車的非流動資產、非流動負債和有息負債相當少、保留盈餘很多，這是受過去經歷影響。關於這一點會在之後詳細說明。

◆案例：再與速霸陸比較，一窺龐大流動資產的來源

各位看到這裡可能會好奇，與三菱汽車、馬自達相同規模的富士重工業❹（SUBARU）（以下稱為速霸陸）又是什麼情況？

可以從圖表2-7看出速霸陸的財務狀態相當良好。這家公司累計超過一兆日圓的保留盈餘，幾乎沒什麼有息負債。與圖表2-3的馬自達相比後，會發現速霸陸的規模和馬自達相仿，損益表和資產負債表的大小幾乎相同。

比較三菱汽車、馬自達、速霸陸之後，即可明顯看出速霸陸的報酬率相當優渥。

❹富士重工業於二〇一七年四月一日起全面更名為速霸陸。

股東權益報酬率	32.4%
財務槓桿	1.92
總資本周轉率	1.25
本期淨利率	13.5%

速霸陸
（2016年3月期）

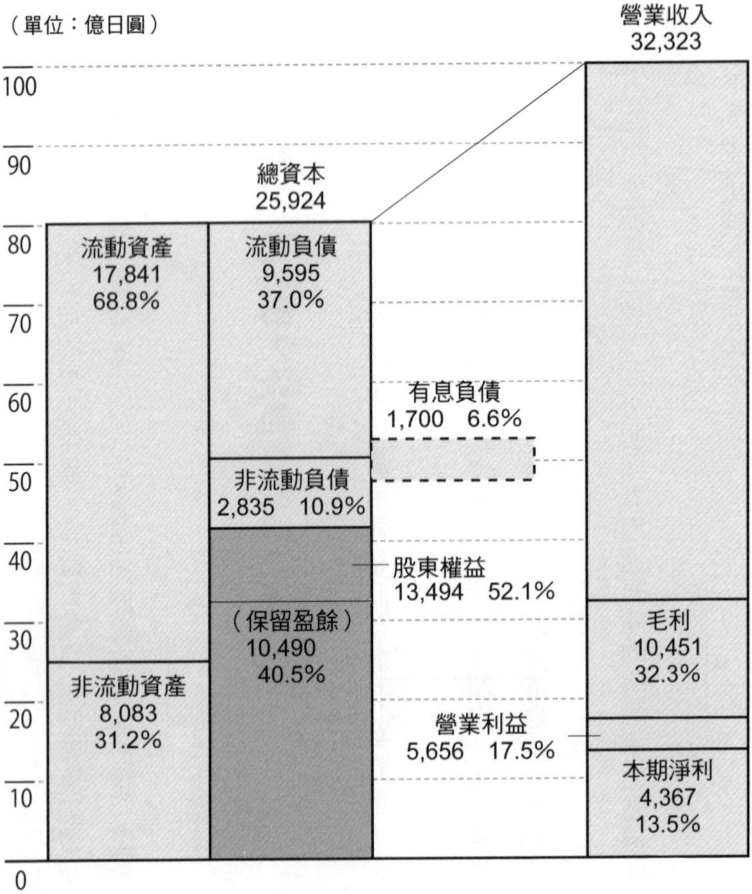

（單位：億日圓）
營業收入
32,323
總資本
25,924
流動資產
17,841
68.8%
非流動資產
8,083
31.2%
流動負債
9,595
37.0%
非流動負債
2,835 10.9%
有息負債
1,700 6.6%
股東權益
13,494 52.1%
（保留盈餘）
10,490
40.5%
毛利
10,451
32.3%
營業利益
5,656 17.5%
本期淨利
4,367
13.5%
100
90
80
70
60
50
40
30
20
10
0

圖表 2-7 三菱汽車 V.S. 速霸陸（2016 / 3）

股東權益報酬率	10.6%
財務槓桿	2.09
總資本周轉率	1.58
本期淨利率	3.2%

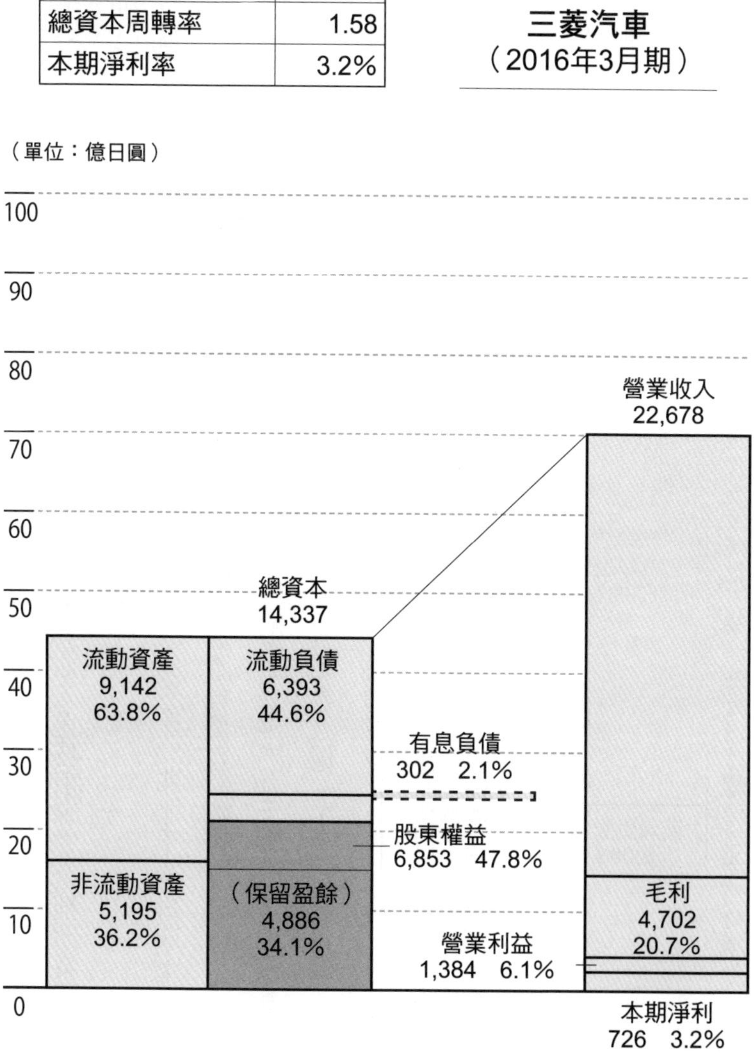

報酬率高代表即使售價遠高於成本，不少顧客仍願意開心購買。速霸陸從以前就提供低重心水平對臥引擎和全輪驅動❺，最近則以自動煞車和其他先進技術等安全輔助系統為先鋒進軍世界，自稱「Subarist」的狂熱粉絲亦不在少數。

請看速霸陸資產負債表的圖形，各位覺得龐大的流動資產一兆七千八百四十一億日圓當中有什麼呢？為了解開箇中奧妙，接下來要盤點資產負債表的數字。

圖表2-8是速霸陸流動資產的項目，其中「現金及約當現金」五千零七十五億五千三百萬日圓（約五千零七十六億日圓）和「有價證券」五千零五億七千二百萬日圓（約五千零六億日圓）相加後，會發現能馬上變現的資產有一兆日圓以上。

速霸陸在二〇一六年五月的決算發表會上，公布「取得自家股票以四百八十億日圓為上限」的方針。取得庫藏股之後，股東權益報酬率就會上升，一般來說股價也容易上升。

光聽到四百八十億日圓就已經覺得是鉅款，但若從速霸陸寬裕的現金來衡量，就會明白這筆金額根本稱不上巨額。

❺ 全稱為All-wheel drive（簡稱AWD），意指傳動系統把引擎的動力同時傳送到全部的車輪。

圖表 2-8　速霸陸流動資產的項目

4.合併財務報表

（1）合併資產負債表

（單位：百萬日圓）

	2015年3月期（2014年4月1日至2015年3月31日）	2016年3月期（2015年4月1日至2016年3月31日）
資產部分		
流動資產		
現金及約當現金	228,821	507,553
應收票據及應收帳款	164,540	140,319
租賃投資資產	24,098	21,532
有價證券	444,737	500,572
商品及產品	203,347	192,705
在製品	52,734	50,666
原料及貯藏品	39,569	34,996
遞延所得稅資產	78,789	90,893
短期貸款	157,070	151,973
其他	80,769	93,509
備抵呆帳	△1,233	△625
流動資產合計	1,473,268	1,784,093

就如分析速霸陸一樣，要從損益表和資產負債表的圖形大致掌握概況，若能把好奇的地方作為切入點，檢視財務報表的瑣碎數字，就不會對財務分析產生反感，反而會產生興趣，且有新的發現。

比較同業後，除了馬自達和速霸陸之外，也會想看豐田和日產的損益表及資產負債表圖形。關於其他汽車公司的比較，將會在第二章第五節說明。

3 從過去 8 年，看出這家公司值得存股嗎？

◆案例：現在的財務體質比 8 年前明顯改善？

看完同業比較後，要把話題轉移到期間比較。在比較之前，先來討論決算年度的算法。年度指的通常是事業年度的起始年。假如公司在三月期決算，那麼二〇〇八年三月期的財務報表，就是指二〇〇七年度的財務報表。

接下來，我們進行三菱汽車的期間比較。在同業比較中，三菱汽車的財務體質看起來不錯，但是三菱汽車的財務狀態至今發生什麼變化？我們可從圖表 2-9 比較二〇〇八年三月期和二〇一六年三月期的資料。

股東權益報酬率	10.6%
財務槓桿	2.09
總資本周轉率	1.58
本期淨利率	3.2%

三菱汽車
（2016年3月期）

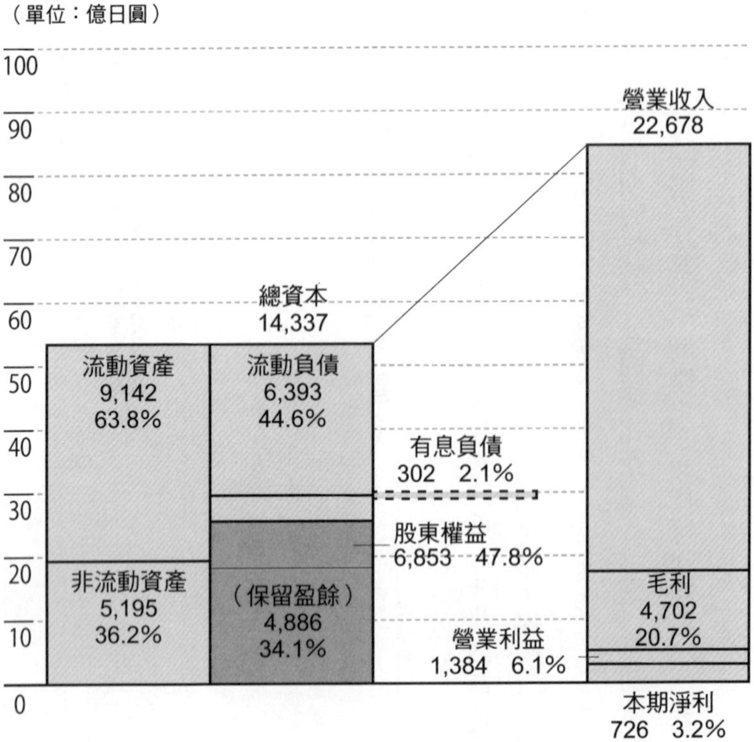
（單位：億日圓）
100
90
80
70
60
50
40
30
20
10
0
總資本
14,337
流動資產
9,142
63.8%
非流動資產
5,195
36.2%
流動負債
6,393
44.6%
（保留盈餘）
4,886
34.1%
有息負債
302 2.1%
股東權益
6,853 47.8%
營業利益
1,384 6.1%
營業收入
22,678
毛利
4,702
20.7%
本期淨利
726 3.2%

圖表 2-9　三菱汽車（2008 / 3 VS. 2016 / 3）

股東權益報酬率	10.6%
財務槓桿	4.91
總資本周轉率	1.67
本期淨利率	1.3%

三菱汽車
（2008年3月期）

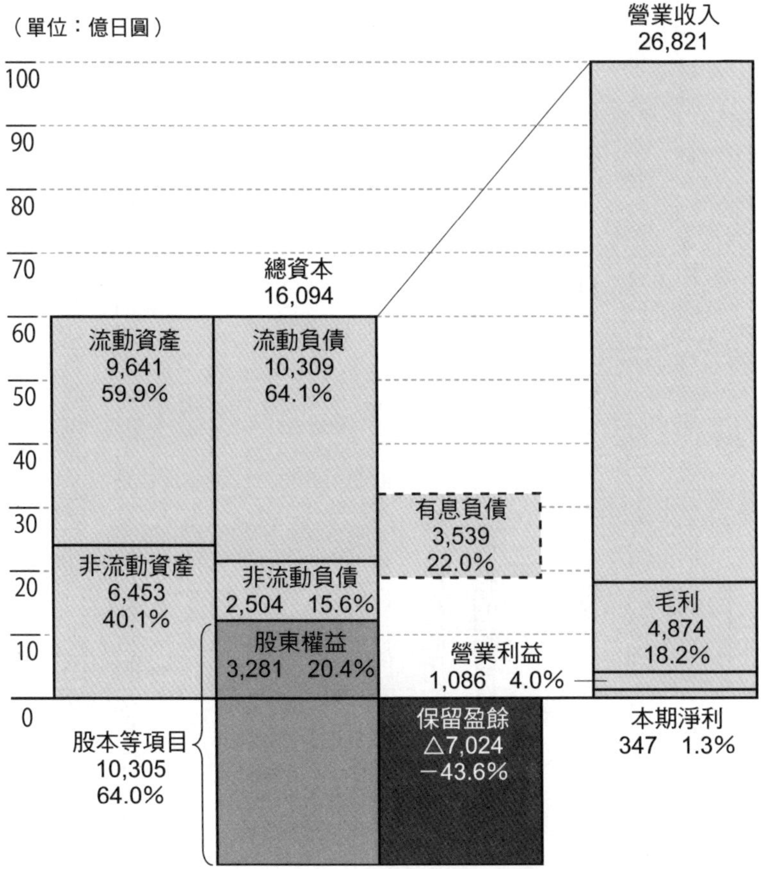
（單位：億日圓）
100
90
80
70
60
50
40
30
20
10
0
總資本
16,094
流動資產
9,641
59.9%
非流動資產
6,453
40.1%
流動負債
10,309
64.1%
非流動負債
2,504　15.6%
股東權益
3,281　20.4%
股本等項目
10,305
64.0%
有息負債
3,539
22.0%
營業利益
1,086　4.0%
保留盈餘
△7,024
−43.6%
營業收入
26,821
毛利
4,874
18.2%
本期淨利
347　1.3%

進行二〇〇八年與二〇一六年的期間比較後，儘管三菱汽車的營業收入和總資本規模都在縮小，卻累計了不少的保留盈餘、有息負債也隨之變少。只要比較資產負債表流動和非流動之間的分隔線，就會發現三菱汽車支付能力的良窳和經營的安全性相當優異，報酬率也在提升。

◆8年前的資產負債表比一比

不過，各位應該會好奇二〇〇八年三月期的資產負債表。究竟為什麼資產負債表會在基準線底下凸出一塊呢？照理來說應該不會往下凸出一塊，但我使用的繪圖軟體，則特意將圖表設計成這種樣貌，以便讓資產負債中，表示股東權益的結構變得更為淺顯易懂。

我們再稍微說明下頁的圖表2-10，也就是二〇〇八年三月期資產負債表的股東權益。請看圖中的虛線框，股本為六千五百七十三億四千九百萬日圓，資本公積為四千三百二十六億六千一百萬日圓。股本和資本公積都是股東投入的資金，兩者加起來大約有一兆日圓。

圖表2-9中的「股本等項目」，是從股東權益的合計中，排除保留盈餘。保留盈餘為負七千零二十四億三千二百萬日圓，股東權益合計則為三千二百八十一億三千二百萬日圓。

因此，股本等項目就是三千二百八十一億日圓減掉負七千零二十四億日圓（負負得正），等於一兆零三百零五億日圓。這就是圖表2-9的「10305」的數字來源，顯示於二〇〇八年三月期的資產負債表下方。

換句話說，股東權益當中有一兆零三百零五億日圓的股本等項目，以及保留盈餘負七千零二十四億日圓，將這些相加之後，股東權益合計為三千二百八十一億日圓，資產負債表的左右一致。

不過，為了將保留盈餘負七千零二十四億日圓變得更淺顯易懂，繪製圖表時就讓資產負債表向下凸一塊。

◆這家企業是如何撐過赤字危機？

為什麼會變成這種狀態呢？我們回顧一下歷史，80頁的圖表2-11是二〇〇四年三月期和二〇〇八年三月期的比較資料。

三菱汽車在二〇〇〇年被揭露隱瞞瑕疵不予回收的問題，二〇〇四年時的經營狀況相當嚴峻。如圖表2-11所示，二〇〇四年三月期的本期淨利為二千一百五十四億日圓的赤字。

三菱汽車從二〇〇四年到二〇〇八年之間，進行總額七千五百億日圓規模的增資。其中包含三菱集團的三家核心公司（三菱重工業、三菱商事及當時的東京三菱銀行

2008年3月期（2007年4月1日至2008年3月31日）	
金額（百萬日圓）	構成比（%）
657,349	40.8
432,661	26.9
△702,432	△43.6
△14	△0.0
387,564	24.1
10,676	0.7
3,157	0.2
△84,584	△5.3
△70,750	△4.4
11,318	0.7
328,132	20.4
1,609,408	100.0

圖表 2-10　三菱汽車資產負債表的「股東權益部分」（2008 / 3）

		2007年3月期（2006年4月1日至2007年3月31日）	
分類	註記編號	金額（百萬日圓）	構成比（%）
（股東權益部分）			
I 股東權益			
1. 股本		657,342	36.9
2. 資本公積		432,654	24.3
3. 保留盈餘		△740,454	△41.6
4. 庫藏股票		△13	△0.0
小計		349,528	19.6
II 評價及換算差額等			
1. 其他有價證券評價差額		10,132	0.6
2. 遞延避險損益		1,393	0.1
3. 外幣換算調整數		△65,272	△3.7
小計		△53,746	△3.0
III 少數股東權益		12,522	0.7
股東權益合計		308,304	17.3
負債及股東權益合計		1,778,693	100.0

股東權益報酬率	10.6%
財務槓桿	4.91
總資本周轉率	1.67
本期淨利率	1.3%

三菱汽車
（2008年3月期）

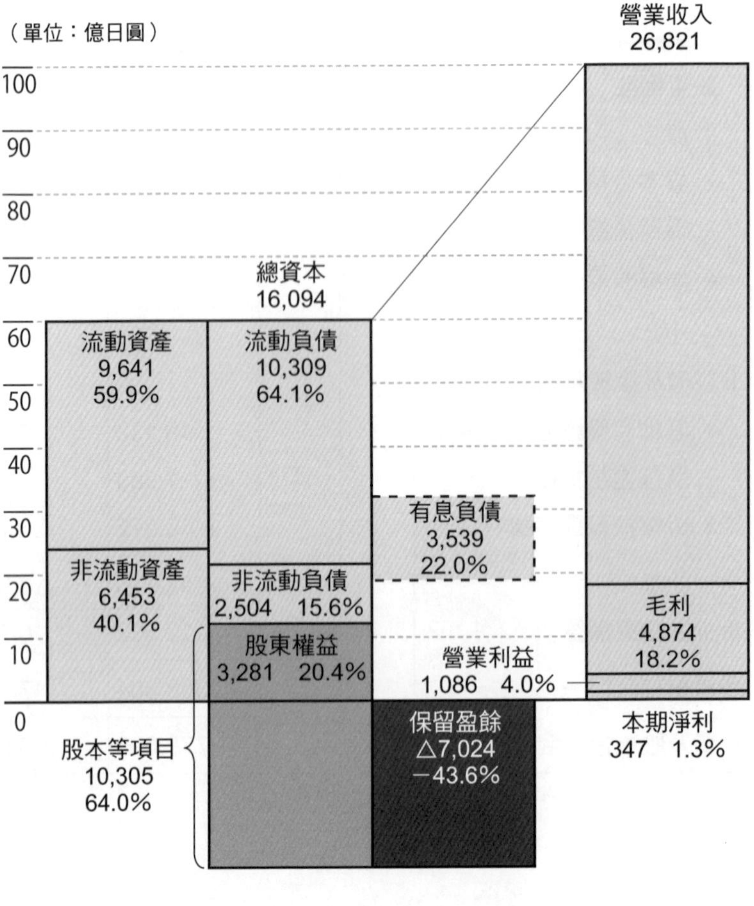

圖表 2-11 三菱汽車（2004 / 3 VS. 2008 / 3）

股東權益報酬率	−471.3%
財務槓桿	44.40
總資本周轉率	1.24
本期淨利率	−8.5%

三菱汽車
（2004年3月期）

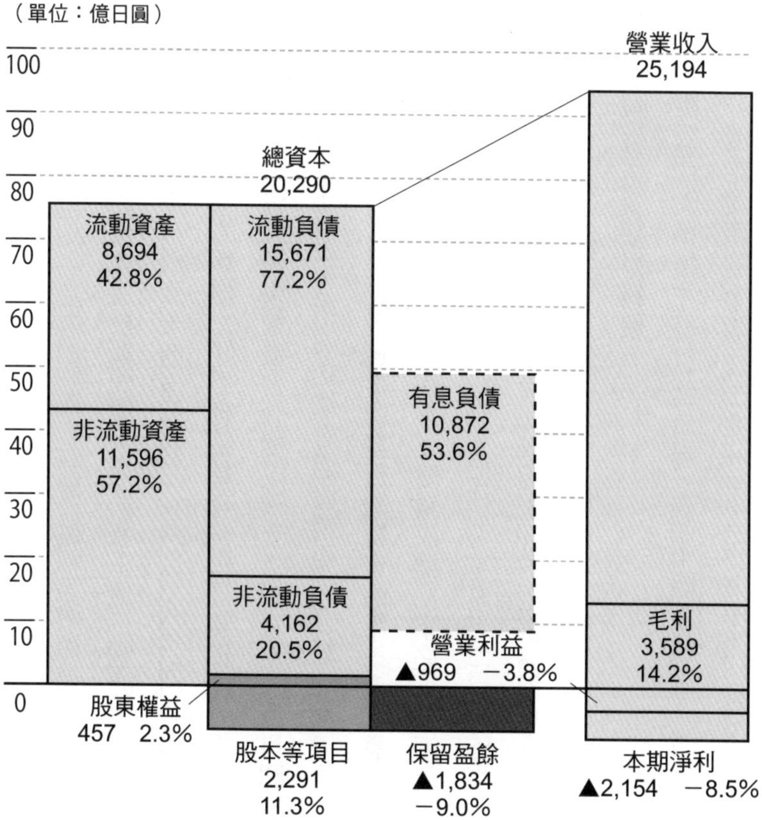

（單位：億日圓）
100
90
80
70
60
50
40
30
20
10
0
營業收入
25,194
總資本
20,290
流動資產
8,694
42.8%
非流動資產
11,596
57.2%
流動負債
15,671
77.2%
非流動負債
4,162
20.5%
有息負債
10,872
53.6%
營業利益
▲969 −3.8%
毛利
3,589
14.2%
股東權益
457 2.3%
股本等項目
2,291
11.3%
保留盈餘
▲1,834
−9.0%
本期淨利
▲2,154 −8.5%

❻）約三千八百億日圓的優先股。

因此，股本等項目就從二〇〇四年的二千二百九十一億日圓，增加到二〇〇八年的一兆零三百零五億日圓。然而遺憾的是，這段期間囤下大約五千億日圓的赤字。

二〇〇四年的保留盈餘為負一千八百三十四億日圓，二〇〇八年則為負七千零二十四億日圓，兩者的差額就是四年來的虧損。好不容易具有一兆日圓起跳的股本等項目，卻因為七千億日圓規模的赤字，導致股東權益合計變成三千二百八十一億日圓。

補充說明，優先股的全稱為優先股票，指的是比普通股票優先分紅的股票，一般來說沒有議決權，也不在股票市場流通。優先股通常會發行給特定的第三者。發行沒議決權的優先股有個優點，就是比起發行新股，更能在不改變議決權比率之下調度資金。

回到正題。七千五百億日圓的增資，指的是從外部挹注七千五百億日圓的現金成為股本。而這七千五百億日圓的現金會到哪去？只要比較圖表2-11的兩張圖即可分曉。

有息負債急遽減少，也就是用增資的現金償還借款。假如借款變少，支付利息、應繳的借款本金也會減少，周轉資金會變得輕鬆。

難道三菱汽車是憑藉集團公司的奧援才得以延命嗎？話不能這樣說。請比較圖表2-11兩張圖的非流動資產。非流動資產的金額從一兆一千五百九十六億日圓減半為六千四百五十三億日圓。

二〇〇四年，三菱汽車在澳洲也有大型的汽車生產工廠，但二〇〇八年這些工廠就關門大吉，日本的生產設備也叫停或合併，讓三菱汽車搖身一變，成為非流動資產稀少、營業收入提升的績效優良公司。也就是說，二〇〇四年到二〇〇八年，三菱汽車透過三菱集團的奧援和自力救濟改善經營狀況。

再看一次圖表 2-9。保留盈餘從二〇〇八年的負七千零二十四億日圓，變成二〇一六年的正四千八百八十六億日圓，多出約一兆二千億日圓。若保留盈餘要增加一兆二千億日圓，這段期間的本期淨利合計基本上必須達到約一兆二千億日圓。

另外，這五年來的營業收入、本期淨利和其他數字的演變，都刊登在有價證券報告書開頭的「企業概況」中。圖表 2-12 節錄自二〇一五年三月期三菱汽車的有價證券報告書，其中的「主要經營指標的演進」記載於「企業概況」。請注意圖表中的數字是以百萬日圓為單位。

❻ 東京三菱銀行幾經合併和更名之後，現在的名稱為三菱日聯銀行。第三章提到的「三菱東京日聯銀行」也是指這家銀行。

圖表 2-12 三菱汽車有價證券報告書的「主要經營指標的演進」

第一部【企業資訊】（節錄）

一、【企業概況】

1【主要經營指標的演進】

（1）最近五期合併會計年度的相關主要經營指標演進

次數	2010年度	2011年度	2012年度	2013年度	2014年度
決算年月	2011年3月	2012年3月	2013年3月	2014年3月	2015年3月
營業收入	1,828,497	1,807,293	1,815,113	2,093,409	2,180,728
經常損益	38,949	60,904	93,903	129,472	151,616
本期淨利	15,621	23,928	37,978	104,664	118,170

（百萬日圓）

看了圖表2-12後，就會發現二○一四年三月期（二○一三年度）以後，每年有一千億日圓規模的本期淨利。順帶一提，二○一六年三月期決算修正前的本期淨利為八百九十一億日圓。然而，二○一三年三月期（二○一二年度）以前，每年卻只有數百億日圓規模的本期淨利。

◆不能只看資產負債表，因為……

其實，只要逐一閱覽過去的財務報表，就會發現三菱汽車從二○

一三年到二〇一四年的資產負債表有劇烈變化。請看下頁的圖表2-13。這一年來的保留盈餘從負六千八百八十億日圓變成正三千四百零七億日圓，進步約一兆日圓。

但從圖表2-13可以發現，二〇一四年三月期的本期淨利只有一千零四十七億日圓，卻能讓保留盈餘進步約一兆日圓。既然如此，二〇一四年的本期淨利理應達到約一兆日圓，才會產生這種結果，但實際的本期淨利卻比應有金額少了一位數。究竟這一年資產負債表的股東權益部分發生什麼事？我們只要看股東權益變動表就會知道。

89頁的圖表2-14節錄自三菱汽車二〇一四年三月期的股東權益變動表，請從左上方的「本期期初餘額」看起。股本為六千五百七十三億五千五百萬日圓，資本公積為四千三百二十六億六千六百萬日圓，合計約為一兆日圓。基本上跟股東投入的資金有關。

請看發行新股這一行，股本和資本公積分別寫著一千三百三十三億七千五百萬日圓。換句話說，發行新股共籌得二千六百六十七億五千萬日圓，其中一半轉入股本，剩下的則轉入資本公積當中的資本儲備。

請再看下兩行，實線框圈起來的地方是擷取股本當中的六千二百五十億二千八百萬日圓，再將同等金額轉移至資本公積。

接下來請看虛線框圈起來的「彌補虧損」。前文說過，股本轉移約六千二百五十

股東權益報酬率	19.0%
財務槓桿	2.81
總資本周轉率	1.36
本期淨利率	5.0%

三菱汽車
（2014年3月期）

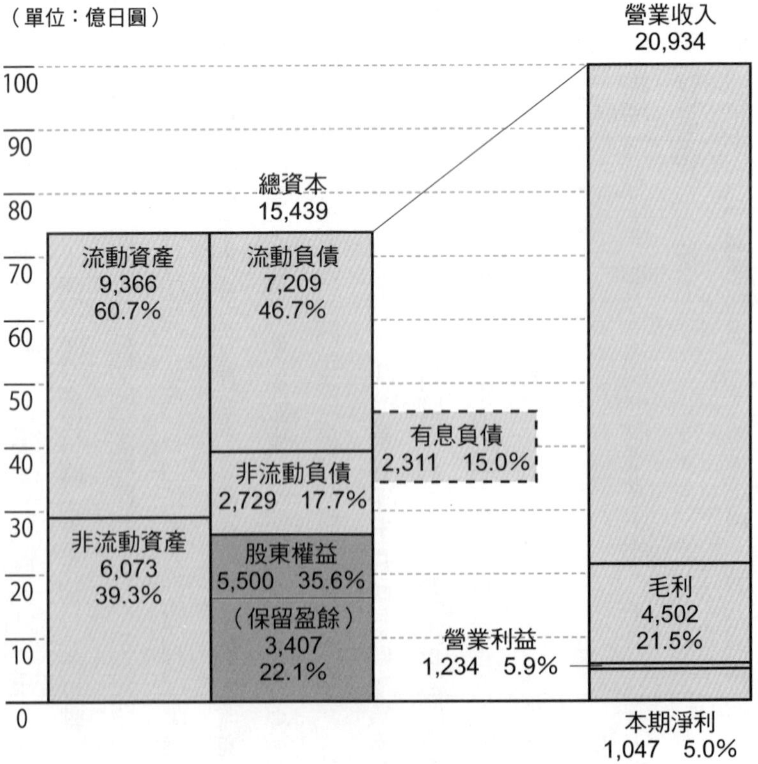
（單位：億日圓）
營業收入
20,934
100
90
80
70
60
50
40
30
20
10
0
總資本
15,439
流動資產
9,366
60.7%
流動負債
7,209
46.7%
有息負債
2,311 15.0%
非流動負債
2,729 17.7%
非流動資產
6,073
39.3%
股東權益
5,500 35.6%
（保留盈餘）
3,407
22.1%
毛利
4,502
21.5%
營業利益
1,234 5.9%
本期淨利
1,047 5.0%

圖表 2-13　三菱汽車（2013 / 3 VS. 2014 / 3）

股東權益報酬率	10.8%
財務槓桿	4.14
總資本周轉率	1.25
本期淨利率	2.1%

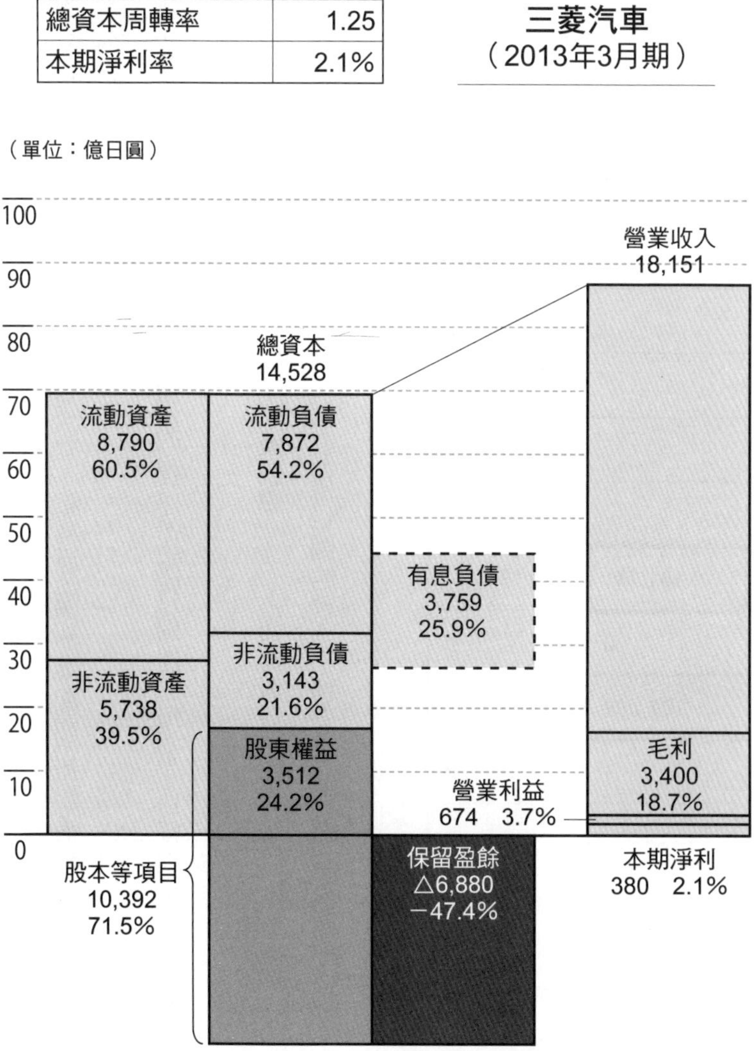

三菱汽車
（2013年3月期）
（單位：億日圓）
100
90
80
70
60
50
40
30
20
10
0
營業收入
18,151
總資本
14,528
流動資產
8,790
60.5%
流動負債
7,872
54.2%
有息負債
3,759
25.9%
非流動負債
3,143
21.6%
非流動資產
5,738
39.5%
股東權益
3,512
24.2%
毛利
3,400
18.7%
營業利益
674　3.7%
股本等項目
10,392
71.5%
保留盈餘
△6,880
−47.4%
本期淨利
380　2.1%

億日圓至資本公積資，現在則要從總額超過一兆日圓的資本公積當中，取九千二百四十一億零二百萬日圓，轉移至保留盈餘。這是要彌補本期期初虧損的保留盈餘負六千八百八十億四千九百萬日圓。

先在此聲明，以上減資及彌補虧損的程序並沒有動用到現金，只是資產負債表上的計數變動。

補充一下，表格正中央的「取得庫藏股票」，上面寫著負一千八百一十七億一千一百萬日圓，等於是用了約一千八百一十七億日圓的現金，買回自家公司的股票。

（單位：百萬日圓）

庫藏股票	股東權益總計
△217	401,754
	266,750
	－
	－
	104,664
△181,711	△181,711
0	0
181,709	－
	△3
△2	189,699
△219	591,453

圖表 2-14　三菱汽車股東權益變動表（2014 / 3）

2014年3月期（2013年4月1日至2014年3月31日）（節錄）

	股東權益			
	股本	資本公積	保留盈餘	
本期期初餘額	657,355	432,666	△688,049	
本期變動數				
發行新股	133,375	133,375		
彌補虧損		△924,102	924,102	
從股本重分類至資本公積	△625,028	625,028		
本期淨利和本期淨損（△）			104,664	
取得庫藏股票				
處分庫藏股票		0		
註銷庫藏股票		△181,709		
權益法適用範圍的變動			△3	
股東權益以外項目之本期變動數（淨額）				
本期變動數合計	△491,653	△347,408	1,028,764	
本期期末餘額	165,701	85,257	340,714	

圖表 2-15 三菱汽車籌資活動現金流量（2016 / 3）

（4）合併現金流量表（節錄）

	2015年3月期（2014年4月1日至2015年3月31日）	2016年3月期（2015年4月1日至2016年3月31日）
籌資活動現金流量		
短期借款的增減額（△為減少）	△41,573	△78,234
長期借款收入	28,613	2,705
償還長期借款的支出	△83,064	△26,957
股利支付額	△31,746	△16,193
給非控股股東的股利支付額	△507	△1,615
其他	△3,215	△2,621
籌資活動現金流量	△131,492	△122,915

買回來的股票怎麼處理呢？請看下兩行「註銷庫藏股票」虛線框圈起來的地方。註銷的部分要從資本公積中扣除。

取得庫藏股，其實就是前文所說的取得優先股。發行新股後籌集約二千六百六十八億日圓的金額，並用這筆錢買回優先股再註銷。前面提到三菱集團三家公司的優先股約為三千八百億日圓，不過部分優先股沒有註銷，而是轉換成普通股票。

運用以上的方式，三菱汽車成為能賺取一千億日圓本期淨利的企業，到了二〇一四年則透過減資消除虧損狀態，並同時將必須優先分紅的優先股清光。一九九三年三月期後一直沒拿到股利的普通股東，這下終於可以取得分紅。

實際上，三菱汽車從隔年開始分紅給股東。這一點不只可以從股東權益變動表中發現，也可以從現金流量表得知。圖表2-15是籌資活動的現金流量表，記載在二〇一六年三月期的決算概況上。二〇一五年三月期支付三百一十七億四千六百萬日圓的股利，二〇一六年三月期則支付一百六十一億九千三百萬日圓的股利。

以時間序列的方式觀看損益表、資產負債表和股東權益變動表，公司的財務變遷及實際狀態就會浮上檯面。只要通曉歷史，就能深入了解該公司。

◆案例：這3家汽車公司如何解決問題？

期間比較來到尾聲，我們可以同時進行期間和同業比較。圖表2-16是同時比較三菱汽車、速霸陸和馬自達二〇〇八年三月期和二〇一六年三月期的資料。

觀察三家公司的財務變化，會發現速霸陸有飛躍性的成長。總資本和營業收入變約為兩倍，也累計不少保留盈餘，報酬率算是出類拔萃。速霸陸的飛躍性成長讓人好

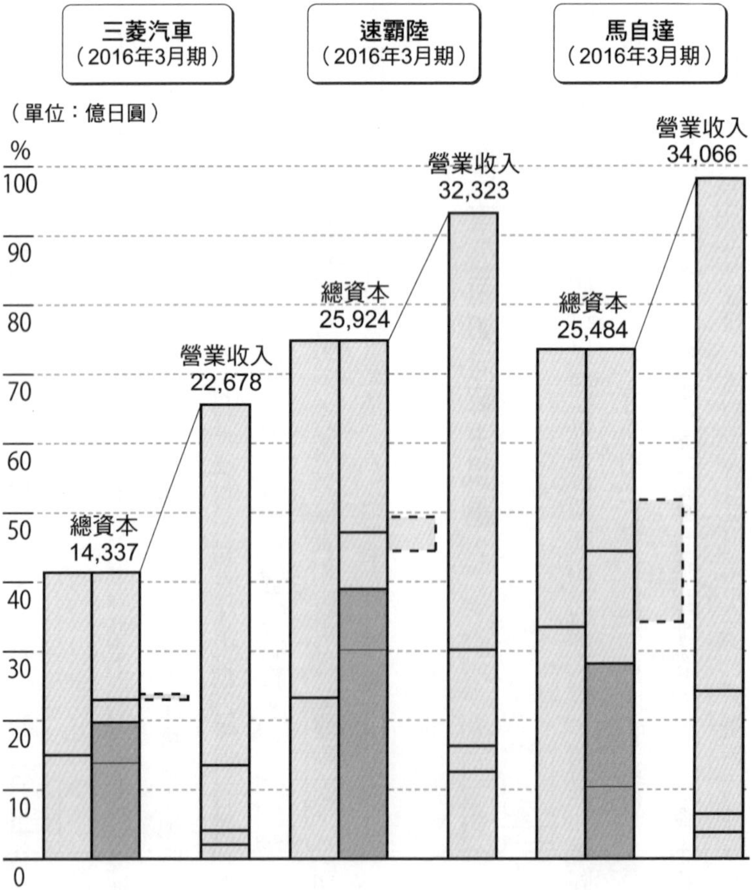

三菱汽車
（2016年3月期）
速霸陸
（2016年3月期）
馬自達
（2016年3月期）
（單位：億日圓）
%
100
90
80
70
60
50
40
30
20
10
0
總資本
14,337
營業收入
22,678
總資本
25,924
營業收入
32,323
總資本
25,484
營業收入
34,066

圖表 2-16 3 家車廠的期間與同業比較

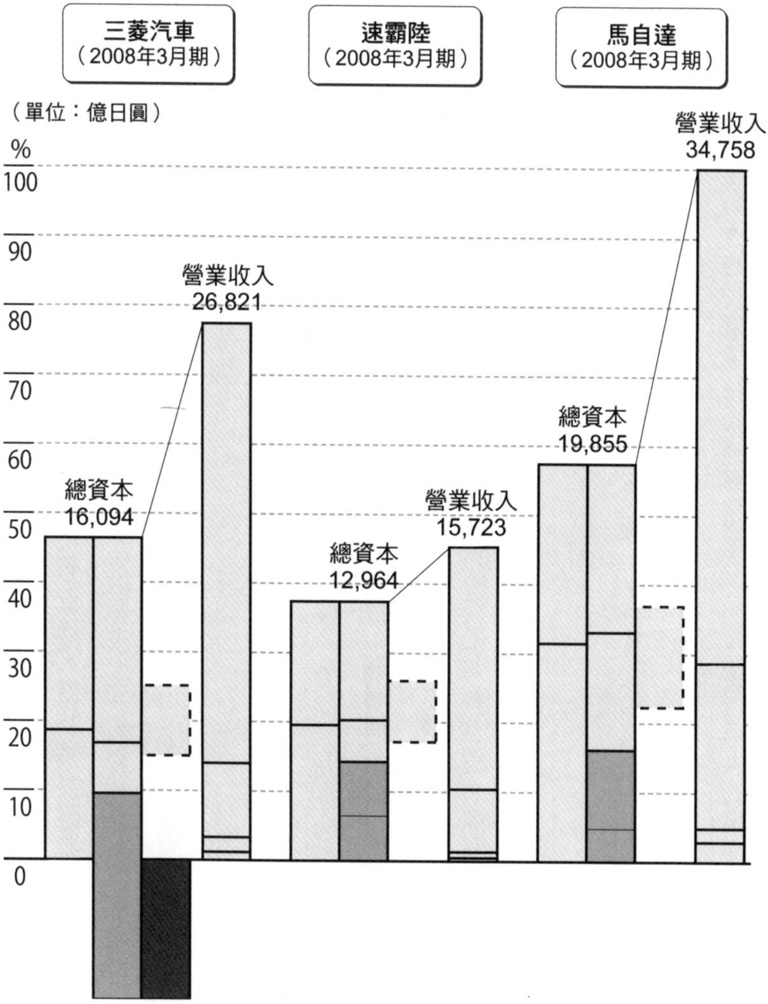

三菱汽車
（2008年3月期）
速霸陸
（2008年3月期）
馬自達
（2008年3月期）
（單位：億日圓）
%
100
90
80
70
60
50
40
30
20
10
0
總資本
16,094
營業收入
26,821
總資本
12,964
營業收入
15,723
總資本
19,855
營業收入
34,758

奇，接下來針對速霸陸的相關資訊詳細分析。

二〇〇六年速霸陸脫離高級車路線，業績持續低迷，當時被媒體揶揄為「唯一輸家」。之後，速霸陸堅守「不只看日本國內，而在世界求生」的方針，停止生產只能在日本銷售的輕型汽車，開始遵循世界求生的方針，轉移人才和金錢。這個方針和集中經營是現在速霸陸業績優異的最大原因。

我原本想從部門別財務資訊中找出速霸陸現在的財源，但二〇一六年三月期的決算概況並未刊登部門別財務資訊，於是我改為參考二〇一五年三月期有價證券報告書的部門別財務資訊（圖表2-17）。從圖表中可看出，半數以上的營收來自美國。

我這一代的愛車族有不少人憧憬速霸陸車款，期盼有一天能買台Legacy。然而，速霸陸二〇〇九年發售的第五代Legacy，卻把焦點放在美國市場，將車輛的尺寸大型化，讓許多日本國內粉絲覺得被速霸陸拋棄。不過，從速霸陸的經營觀點來看，將經營資源集中在美國，絕對是現在業績優異的最大原因。

圖表2-18的速霸陸地區別販售台數的演變圖，是以該公司網站上的圖表為基礎製成。由此可知，美國的販售台數帶動了速霸陸的業績。

不管怎麼說，速霸陸的股東權益報酬率高達三二%是很驚人的事。綜觀日本的上市企業，只有少數公司能超過三〇％。雖然我對分析速霸陸的財務狀況興致勃勃，但在後面現金流量表的部分會分析得更仔細，所以先到此為止。

只要進行期間比較，就能更深入了解該公司的實況。二〇一六年三月期三菱汽車偽造油耗問題被揭露之前，財務體質頗為良好，不僅擁有充裕的現金，有息負債極少，還累計許多保留盈餘，經營安全性的指標普遍良好，報酬率絕對不算壞，並以亞洲為中心，有一年一千億日圓規模的本期淨利。

雖然有時會依賴集團企業的奧援延命，但三菱汽車本身也進行自力救濟，將公司訓練成能以少資產獲取較多營收的體質。不過，能彌補過去龐大的虧損，改善財務體質，主要是透過無償減資的手法，這對股東造成了麻煩。

同時進行期間和同業比較之後，可以看出過去以來的變化和業界中的定位。雖然分析時以三菱汽車的財務報表為中心，但與同規模的馬自達和速霸陸比較後，不難發現速霸陸的績效出類拔萃。

圖表 2-17 速霸陸的部門別財務資訊（地區別）

2015年3月期（2014年4月1日至2015年3月31日）

1. 產品及服務資訊
   所公開的資訊與部門別財務資訊一致，故省略不提。
2. 各地資訊
   （1）營業收入

（單位：百萬日圓）

日本	北美	其中的美國	歐洲	亞洲	其他	合計
652,894	1,730,947	1,607,897	123,250	238,749	132,073	2,877,913

（注）營業收入是以顧客的居住地為基礎，依國家和地區分類。

圖表 2-18 速霸陸地區別販售台數的演變

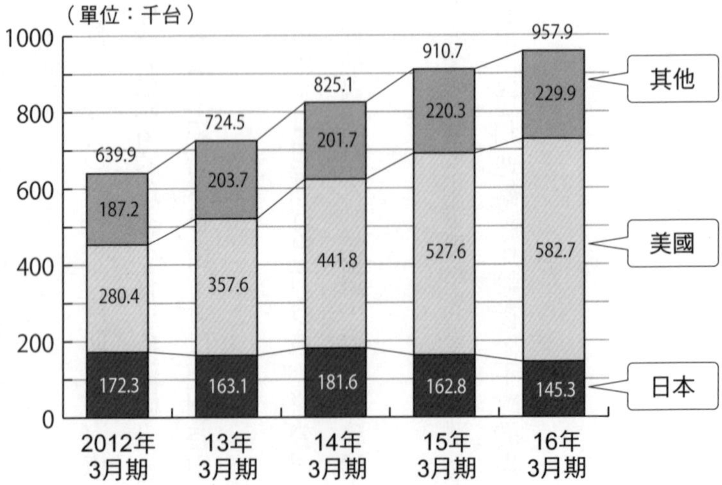

Column 1

跨越艱苦時期，人與組織都會愈來愈堅強

速霸陸從「唯一輸家」的狀態徹底復甦，馬自達也有過艱苦時期，不只接受福特汽車（Ford）的出資，連社長都是由福特派遣。日產在卡洛斯・戈恩就任前，情況也非常嚴峻。就連豐田汽車，都曾在二戰後不久瀕臨破產危機。不論哪家公司，都曾遭逢「破產」的經營危機，但終究能順利跨越那段時期、重新復甦。

當學生和我商量就業問題時，我會建議對方：「雖然正蓬勃發展的公司也不錯，但你要不要去三菱汽車這種拚命努力重建經營的公司呢？」

正在重建的公司中一定有拚命工作的人，因此我們能從認真工作的人和組織身上獲益良多。

假如進入需要拚命努力的公司，優點之一是可以趁年輕時鍛鍊自己。其二是它錄用人數少，將來擔任重要職位的機率也會提高。學生時代進入

熱門行業的人，晚年往往待在衰退產業中。因此，我認為萬事都是塞翁失馬、禍福相倚。

很不好意思在此談到私人話題，我妹妹是藉由三菱汽車的獎學金才唸到大學畢業，這筆獎學金既非借貸也無須償還。

我本人則拿過三菱集團旗下旭硝子❼公司的獎學金直到大學畢業，而這同樣屬於無須償還的獎學金。另外，我在大學三年級的暑假，到三菱汽車水島製作所實習約一個星期，觀摩可提高製造績效的相關技術，當時工廠和總務的人都相當照顧我。

衷心期盼三菱汽車能夠跨越困境、重獲新生。

❼ 三菱集團下的公司之一，專門製作特殊玻璃和陶瓷材料。二〇一八年七月一日改名為ＡＧＣ股份有限公司。

4 現金流量表可以解讀出，這家公司未來的方向

◆案例：現金流量表怎麼看？

接下來談現金流量表。第一章分析現金流量時說過，從現金流量表可看出公司處於什麼情況、經營者管理時在想什麼、正在進行什麼具體活動。

請看圖表2-19，這是三菱汽車、速霸陸和馬自達三家公司的現金流量表。圖表當中的「年」表示決算年，二〇一六年代表二〇一六年三月期的資料。

首先大略分析整體情況。過去五年來，三菱汽車固定有一千億至兩千億日圓的營業活動現金流量。雖然許多人認為三菱汽車的市佔率在日本很少，不過該公司以亞洲為中心拓展海外事業，賺得相當豐厚的營業活動現金流量。

觀察營業活動現金流量，就能掌握營業活動究竟賺取多少現金，而檢視損益表的本期淨利後，也能大致了解業績狀況。此外，非流動資產的出售收益、資遣費，和其他龐大的非常損益，也都會影響本期淨利。

將營業利益、經常利益與本期淨利相互比較，即可正確掌握事業實態。不過，即使經營相同事業，運用不同的方法認列折舊費（定額法或定率法），利潤也會不同。遵守會計的規則是為了掌握事業的營業活動，但有時反而難以看清實況。

另外，假如虛報期末庫存，就會看到該部分的成本被壓縮、利潤相對增加。若認列不實的應收帳款，營收將增加、通常利潤也會變多。然而，就算虛報庫存或認列不實帳款，現金依舊紋風不動。

現金流量表會呈現現金的活動，還能看出背後的營業活動。就這個層面來看，檢視現金流量表，比損益表更容易了解營業活動的狀況。我自己在觀察營業活動實況時，比起看損益表，更常審視現金流量表上的營業活動現金流量數字。

圖表 2-19　3 家車廠的現金流量表演變

三菱汽車

（單位：億日圓）

決算年	2012年	2013年	2014年	2015年	2016年	5年總計
營業活動	1,194	1,722	2,104	1,770	1,977	8,767
投資活動	△691	△1,143	△814	△713	172	△3,189
籌資活動	△526	△83	△821	△1,315	△1,229	△3,974
期末餘額	3,110	3,612	4,117	3,955	4,624	3,884 *

＊只有「5年總計」一欄的期末餘額代表「5年平均量」。

速霸陸

決算年	2012年	2013年	2014年	2015年	2016年	5年總計
營業活動	549	1,667	3,130	3,115	6,143	14,604
投資活動	△266	△714	△339	△1,728	△2,557	△5,604
籌資活動	26	△608	△630	△1,105	△1,262	△3,579
期末餘額	2,581	3,289	5,579	6,121	8,295	5,173 *

＊只有「5年總計」一欄的期末餘額代表「5年平均量」。

馬自達

決算年	2012年	2013年	2014年	2015年	2016年	5年總計
營業活動	△91	490	1,364	2,045	2,628	6,436
投資活動	△703	△403	△1,201	△955	△1,081	△4,343
籌資活動	2,365	△572	105	△628	△941	329
期末餘額	4,773	4,449	4,798	5,291	5,687	5,000 *

＊只有「5年總計」一欄的期末餘額代表「5年平均量」。

圖表 2-20　3 家車廠的營業活動現金流量演變

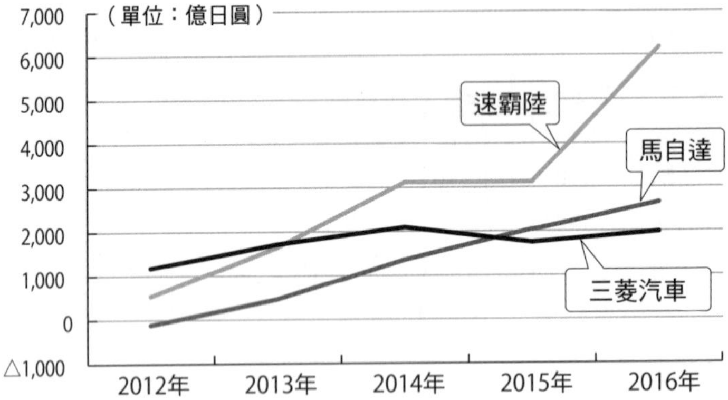
（單位：億日圓）
7,000
6,000
5,000
4,000
3,000
2,000
1,000
0
△1,000
2012年
2013年
2014年
2015年
2016年
速霸陸
馬自達
三菱汽車

◆怎樣從現金流量表解讀經營方針？

圖表2-20是將三家公司的營業活動現金流量畫成折線圖。繪製圖表後會發現，三菱汽車每年固定有一千億至兩千億日圓的營業活動現金流量，馬自達的營業活動現金流量逐年提升，而速霸陸則是飛躍成長。

請各位翻回圖表2-19，觀察三菱汽車的營業活動現金流量總計，會發現這五年來，用在投資活動和籌資活動現金流量上的金額，不到營業活動現金流量的一半。

圖表2-21是三菱汽車投資活動現金流量和籌資活動現金流量，節錄自二〇一六年三月期決算概況中的現金流量表。

請看圖上「取得固定資產的支出」這欄。二〇一五年三月期支出為八百五十五億九千八百萬日圓，二〇一六年三月期支出為六百九十億日圓。從三菱汽車過去五年的現金流量表會發現，該公司每年固定花六百億到九百億日圓投資設備。

不過，「出售固定資產的收入」為六百四十億兩千四百萬日圓，跟二〇一六年三月期「取得固定資產的支出」金額幾乎相同，投資活動現金流量的總額變得比往年還少。順帶一提，出售固定資產，似乎與美國銷售融資事業的轉讓有關。

請看圖表2-21下方的籌資活動現金流量，可得知三菱汽車支出大筆金額償還短期借款和長期借款。從過去五年來的現金流量表也會發現，該公司幾乎不間斷地償還短期和長期借款，可見圖表2-9的有息負債變化。由此可知，三菱汽車經營的大方針為減少借款，打造高自有資本比率及財務安定。

三菱汽車受到偽造油耗問題的牽連，於二〇一六年五月二十五日發布修正版的決算概況，以「油耗測試相關損失」為名目，將約一百九十一億日圓認列為非常損失，導致當期淨利從當初宣布的八百九十一億日圓，下跌至七百二十六億日圓，資產負債表的數字因而產生變化。

不過，現金流量表的現金淨值完全沒變，因為這項非常損失是為了正確計算當期

圖表 2-21 三菱汽車的現金活動流量表（2016 / 3）

（4）合併現金流量表（節錄）　（單位：百萬日圓）

	2015年3月期 （2014年4月1日 至2015年3月31日）	2016年3月期 （2015年4月1日 至2016年3月31日）
投資活動現金流量		
定期存款的增減額（△為增加）	△17	40,694
取得固定資產的支出	△85,598	△69,000
出售固定資產的收入	16,353	64,024
出售長期有價證券的收入	53	104
短期貸款的增減額（△為增加）	423	△860
長期貸款的支出	△870	△2,526
回收長期貸款的收入	1,343	1,487
其他	△3,015	△16,753
投資活動現金流量	△71,328	17,170
籌資活動現金流量		
短期借款的增減額（△為減少）	△41,573	△78,234
長期借款的收入	28,613	2,705
償還長期借款的支出	△83,064	△26,957
股利支付額	△31,746	△16,193
給非控股股東的股利支付額	△507	△1,615
其他	△3,215	△2,621
籌資活動現金流量	△131,492	△122,915

利潤的費用而認列，並沒有現金活動。

◆將賺來的錢都用於投資？還是……

請看圖表2-19最下方的馬自達現金流量表。以過去五年總計來說，馬自達賺到的營業活動現金流量（六千四百三十六億日圓）中，有將近七〇％用於投資（四千三百四十三億日圓）。由此看來，馬自達與三菱汽車的經營策略有顯著不同，馬自達沒有將現金用來改善財務體質，而是面對未來致力投資。

馬自達現金流量表的一大特徵，在於二〇一二年的營業活動現金流量為負數，是由於馬自達二〇一二年三月期的本期淨利為負一千零七十七億日圓。如三菱汽車認列非常損失一樣，利潤下跌也不一定等於缺少等值現金。不過，二〇一二年的馬自達，沒辦法藉由營業活動賺取現金。

假如不能藉由營業活動賺取現金，手邊可使用的現金就會減少。「短期流動性比率」為手邊隨時該持有多少現金的指標，算式為（現金及約當現金＋短期有價證券）÷月營業收入。短期有價證券包含在流動資產中，是以買賣為目的的有價證券。月營業收入則是每個月的營業收入，等於將年度營業收入除以十二。

短期流動性比率是觀察經營安全性的一項重要指標。短期流動性比率的適當值依行業而異，不過基本上最好持有與月營業收入等值的現金，而持一・五倍以上的等值現金則為大致標準。

圖表2-22是將現金流量表的「期末現金及約當現金餘額」除以月營業收入，可以看出短期流動性比率的趨勢。現金流量表的「期末現金及約當現金餘額」和資產負債表的「現金及約當現金」在會計上的定義不同，會有微妙的數字差異。

會計定義中，現金流量表的「期末現金及約當現金餘額」，包含現金及三個月內的定期存款，而資產負債表的「現金及約當現金」，則包含現金及一年內的定期存款。這裡請各位活用現金流量表的數字，並將計算的結果視為大致標準。

說一個題外話，由於定義不同，因此現金流量表的「期末現金及約當現金餘額」和資產負債表的「現金及約當現金」，幾乎沒有一家公司會完全一致。

例如，二〇一六年三月期三菱汽車現金流量表，「期末現金及約當現金餘額」約為四千六百二十四億日圓，相形之下資產負債表的「現金及約當現金」和「有價證券」總計約為四千五百三十四億日圓。

圖表 2-22　3 家車廠短期流動性比率的演變

三菱汽車

（單位：億日圓）

決算年	2012年	2013年	2014年	2015年	2016年	5年平均
營業收入	18,073	18,151	20,934	21,807	22,678	20,329
月營業收入	1,506	1,513	1,745	1,817	1,890	1,694
現金流量表的期末餘額	3,110	3,612	4,117	3,955	4,624	3,884
短期流動性比率	2.1	2.4	2.4	2.2	2.4	2.3

速霸陸

（單位：億日圓）

決算年	2012年	2013年	2014年	2015年	2016年	5年平均
營業收入	15,171	19,130	24,081	28,779	32,323	23,897
月營業收入	1,264	1,594	2,007	2,398	2,694	1,991
現金流量表的期末餘額	2,581	3,289	5,579	6,121	8,295	5,173
短期流動性比率	2.0	2.1	2.8	2.6	3.1	2.6

馬自達

（單位：億日圓）

決算年	2012年	2013年	2014年	2015年	2016年	5年平均
營業收入	20,331	22,053	26,922	30,339	34,066	26,742
月營業收入	1,694	1,838	2,244	2,528	2,839	2,229
現金流量表的期末餘額	4,773	4,449	4,798	5,291	5,687	5,000
短期流動性比率	2.8	2.4	2.1	2.1	2.0	2.2

另外，資產負債表的現金及約當現金，與現金流量表的期末現金及約當現金餘額之間的關係，則記載在有價證券報告書的註記。

我們回到圖表2-22。從圖表可以發現，經營汽車業基本上要持有月營業收入約二至二．五倍的現金。

馬自達在二〇一二年無法藉由營業活動賺取現金，手邊的現金逐漸減少。假如無法透過營業活動賺取現金，該怎麼辦？只好變賣資產換取現金（投資活動現金流量為正數），或是從外部調度資金（籌資活動現金流量為正數）。

圖表2-23節錄自馬自達二〇一二年三月期的現金流量表。馬自達在二〇一二年的長期借款為二千二百七十五億五千萬日圓，藉由發行股票籌集一千四百四十六億五千六百萬日圓的資金。

◆從現金流量表可看出，企業是處於上升期還是下降期

請翻回圖表2-19，三家公司中，營業活動現金流量五年總計最多的是速霸陸，然而從圖表2-16可以發現，速霸陸是二〇〇八年三月期規模最小的公司，因此該公司的成長真

圖表 2-23 馬自達的籌資活動現金流量

④合併現金流量表 （單位：百萬日圓）

	2011年3月期（2010年4月1日至2011年3月31日）	2012年3月期（2011年4月1日至2012年3月31日）
籌資活動現金流量		
短期借款的增減額（△為減少）	1,605	△9,983
長期借款的收入	91,780	227,550
償還長期借款的支出	△111,089	△96,492
發行公司債券的收入	19,913	—
償還公司債券的支出	△100	△20,100
發行股票的收入	—	144,656
售後租回的收入	2,476	—
償還租賃債務的支出	△12,637	△12,858
股利支付額	△5,311	—
少數股東繳納的收入	—	3,691
給少數股東的股利支付額	△458	△1
庫藏股票的增減額（△為增加）	△7	△1
其他	△532	—
籌資活動現金流量	△14,360	236,462
匯率變動對現金及約當現金之影響	△10,721	△2,589
現金及約當現金的增減額（△為減少）	△23,454	154,458
現金及約當現金的期初餘額	346,303	322,849
現金及約當現金的期末餘額	322,849	477,307

是相當驚人。

請回到圖表2-19。速霸陸五年總計的營業活動現金流量為一兆四千六百零四億日圓，其中約四〇％、五千六百零四億日圓轉移到投資活動現金流量中，以及約二五％、三千五百七十九億日圓轉移到籌集活動現金流量。

由於賺到的營業活動現金流量，比投資活動和籌資活動現金流量相加還要多，所以借款減少、手邊的現金增加。

我們可以從圖表2-16看出速霸陸借款減少，並從圖表2-22發現可用現金不斷增加。前文也談過速霸陸買回自家公司的股票，其實只要觀看現金流量表，就會看出現金的動向和經營者的考量。

接下來看圖表2-24，這是將三家公司的投資活動現金流量繪製成圖。可看到速霸陸的投資活動現金流量在二〇一五年和二〇一六年急遽增長。

圖表2-25則是速霸陸投資活動現金流量的演變。左邊的圖表為二〇一三年和二〇一四年，右邊的圖表則是二〇一五年和二〇一六年。

比較左邊和右邊圖表中畫有實線框的「取得固定資產的支出」以及「取得非流動資產的支出」，可以看出支出倍增，想必近兩年正如火如荼地投資設備。

圖表 2-24　3 家車廠的投資活動現金流量

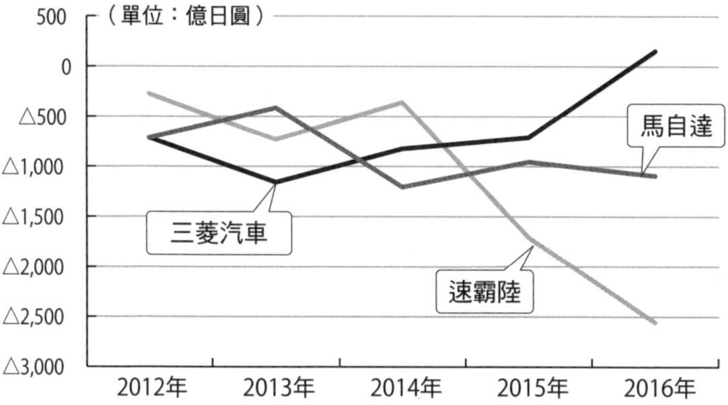

接著比較左邊和右邊圖表中的虛線框「取得長期有價證券的支出」和「出售長期有價證券的收入」。可看出近兩年支出比收入還多，近期應以投資為目的買了許多有價證券。

值得注意的是，右邊表格右上方用粗框圈起來的數字△101631，代表定期存款增加約一千億日圓。雖然投資活動現金流量增加，但這只是將現金劃分為定期存款而已。

我們可以發現，速霸陸以寬裕的營業活動現金流量為後盾，不停地取得非流動資產，獲得為數甚多的長期有價證券。

接著請看圖表2-26，這是速霸陸二〇一五年三月期和二〇一六年三月期的籌資活動現金流量，可以從虛線框圈起來的地方看出速霸陸正在償還借款。

（4）合併現金流量表　　　　　　　　（單位：百萬日圓）

	2015年3月期（2014年4月1日至2015年3月31日）	2016年3月期（2015年4月1日至2016年3月31日）
投資活動的現金流量		
定期存款的增減額（△為增加）	△11,944	△101,631
取得有價證券的支出	△43,424	△48,845
出售有價證券的收入	17,905	47,032
取得非流動資產的支出	△115,173	△126,732
出售非流動資產的收入	1,540	975
取得長期有價證券的支出	△47,031	△47,005
出售長期有價證券的收入	26,364	25,240
貸款的支出	△104,891	△106,117
回收貸款的收入	108,065	108,636
其他	△4,191	△7,229
投資活動現金流量	△172,780	△255,676

圖表 2-25　速霸陸投資活動現金流量的演變

④【合併現金流量表】　（單位：百萬日圓）

	2013年3月期（2012年4月1日至2013年3月31日）	2014年3月期（2013年4月1日至2014年3月31日）
投資活動的現金流量		
取得有價證券的支出	△9,760	△12,408
出售有價證券的收入	5,166	19,237
取得固定資產的支出	△60,852	△67,409
出售固定資產的收入	1,965	1,643
出售無形資產的收入	△4,377	△5,446
取得長期有價證券的支出	△14,503	△28,687
出售長期有價證券的收入	11,954	65,344
貸款的支出	△94,273	△95,589
回收貸款的收入	93,376	97,409
其他	△66	△7,997
投資活動現金流量	△71,370	△33,903

圖表 2-26 速霸陸的籌資活動現金流量

（4）合併現金流量表　　（單位：百萬日圓）

	2015年3月期（2014年4月1日至2015年3月31日）	2016年3月期（2015年4月1日至2016年3月31日）
籌資活動現金流量		
短期借款的增減額（△為減少）	△18,811	△7,822
長期借款的收入	6,190	11,760
償還長期借款的支出	△42,858	△44,797
償還公司債券的支出	△4,060	—
股利支付額	△49,887	△84,938
其他	△1,120	△393
籌資活動的現金流量	△110,546	△126,190

這裡請各位特別注意實線框中的「股利支付額」。數值從二〇一五年三月期的四百九十八億八千七百萬日圓，增加到二〇一六年三月期的八百四十九億三千八百萬日圓。

二〇一五年到二〇一六年的資產負債表中，股本和資本儲備都沒有增加。這表示並非股票數量增加導致股利變多，而是每股的股利金額增加。

若能提供顧客不可或缺的商品，這家公司就可以讓顧客、員工、股東及其他相關人士幸福，並得以創造良性循環：增加存款、進行股票投資，再積極投資設備，迎向未來。

檢視現金流量表會有很多發現，我們在分析現金流量表的開頭提到，只要看了現金流量表，就會知道公司的經營處於什麼狀況、經營者管理時在想什麼、正在進行什麼具體活動，現在大家應該知道這並非空口無據的言論。

然而，不該過度期待：「看了財務報表就知道公司的一切」，尤其是會計素人解讀財務報表更有其界限，因為重要的決策並不會呈現在財務報表上。另外，會計素人幾乎不可能揭穿巧妙的做假帳手法。

以此為前提來看財務報表，就會發現自己能從有待觀察的公司身上，獲得超乎想像的未知資訊。從財務報表中，可以解讀出經營相關的具體資訊，例如：公司在哪裡以什麼方式賺錢、現在的財務狀態是否良好、經營者管理時在想什麼，而不是只有模糊的印象。

Column 2
學習彼得・杜拉克，實行「專注與市場地位決策」

我在美國的彼得杜拉克管理研究所（Peter F. Drucker Graduate School of Management）取得ＭＢＡ學位，受彼得・杜拉克的觀念影響甚鉅。杜拉克認為行銷時有許多該做的事情，首先需要「專注決策與市場地位決策」（the decision on concentration, and the decision on market standing）。關於這點，杜拉克描述如下：

> 設定目標是策略（strategy），專注決策是政策（policy），也就是選擇在哪個地區戰鬥。（中略）專注決策極具風險，正因為這是貨真價實的決策（genuine decision）。（中略）很顯然地，不是所有企業都能成為領導者。每家公司都必須決定該在哪個市場區隔中，以什麼商品、什麼服

務、什麼價值成為領導者。❽

馬自達和速霸陸的行動正好能佐證杜拉克的觀點。兩家公司都能取得成功是件好事，但兩家公司的決策必然伴隨著龐大的風險。

馬自達專攻愛車族，有可能失去休旅車等家庭取向車款的市佔率。速霸陸從前就製造許多個性化的輕型汽車，包括備受喜愛、暱稱為「瓢蟲」的「速霸陸 360」。當這些輕型汽車完全停止生產，可以想見會遭致多少來自公司內外的批判。

然而，正是因為這樣的勇氣和決斷力，戰鬥區域和市場定位才會變得更加清晰，成為特定顧客心目中不可或缺的存在。

杜拉克在《創新與創業精神》（*Innovation and Entrepreneurship*）

❽ 杜拉克的 *Management* 一書在臺灣出版時分為三冊，書名為《杜拉克：管理的使命》、《杜拉克：管理的實務》、《杜拉克：管理的責任》。作者引述的段落出自《杜拉克：管理的使命》。

這本書裡提到，一九六〇年前後，汽車工業突然成為國際產業時，富豪（Volvo）、寶馬（BMW）和保時捷（PORSCHE）三家公司的地位在當初的汽車產業中不被看好，業界一致認為這些公司都會消失無蹤。不過，最後這三家公司都獲得巨大的成功。關於這點，杜拉克描述如下：

一九六〇年，富豪這家小公司瀕臨赤字、陷入苦戰。（中略）富豪銷售的「知性車款」不便宜，但也不奢華、不時髦。然而，這種車散發出來的形象，卻是實在的價值和正規的常理。（中略）特別針對律師、醫生和其他專業人士銷售。

一九六〇年時同樣呈現疲軟狀態的汽車廠商寶馬也獲得成功。（中略）寶馬（中略）將車輛產品定位在已經非凡成就，卻希望被認為還年輕的族群，以及願意付出金錢取得「與眾不同」價值的人。（中略）

最後，就是比福斯（Volkswagen）車款略勝一籌的保時捷。保時捷決定銷售跑車，大幅改變自己的特質。他們銷售顧客心中唯一的車款，給不把汽車當成單純運輸工具，而是追求刺激的人。

這些話似乎也包含馬自達和速霸陸廣告使用過的字句。我認為，馬自達和速霸陸當然會蓬勃發展，因為它們遵循做生意的原理和原則。馬自達和速霸陸在做的事情，與一九六〇年代獲致成功的富豪、寶馬和保時捷有著相同的本質。

杜拉克管理學並不是杜拉克在腦中想出的理想管理理論，我們只要仔細觀察商場第一線，就會發現蓬勃發展的企業具有共通的特徵。由此可見，杜拉克管理學是整理及提供商場上第一線的真理。

5 再比較其他國家與產業的財報，這樣就萬無一失

◆日本汽車4大天王，各自有什麼特徵？

目前為止，我們以和三菱汽車規模相似的馬自達和速霸陸作為比較對象，但各位是否也想看看其他汽車公司的損益表和資產負債表呢？這裡先拿豐田、本田（HONDA）和日產這三家公司，與三菱汽車進行比較。

從圖表2-27中可以看出，豐田的圖形很醒目，本田和日產的大小差不多，日產和三菱汽車的規模也有相當大的差距。

豐田、本田和日產都背負極高的有息負債，尤其是豐田更加明顯。相信許多人認為豐田是超級優質企業、幾乎沒有借款。不過，這三家公司之所以會背負龐大有息負

債，是因為它們以汽車貸款為中心，承攬規模甚鉅的金融事業。

◆案例：車廠旗下有金融事業，財報怎麼看？

金融事業的特徵在於資產負債表大、損益表小。對銀行業而言，顧客的存款會變成負債，等於保管龐大的存款，再以貸款或其他方式獲取利潤。銀行業的收益是利息收入和股利，所以資產負債表大而損益表小。

豐田、本田和日產的金融事業也一樣。豐田以部門別財務資訊分類，公布汽車事業和金融事業各自的損益表和資產負債表。圖表2-28是豐田的汽車事業與金融事業二〇一六年三月期的資料。

將汽車事業和金融事業的數值加總，也達不到豐田集團的總數值，是因為兩個事業間的抵銷額忽略不計。豐田的汽車事業總是給人無借款的印象，反觀金融事業則是資產負債表大、損益表小的樣貌。

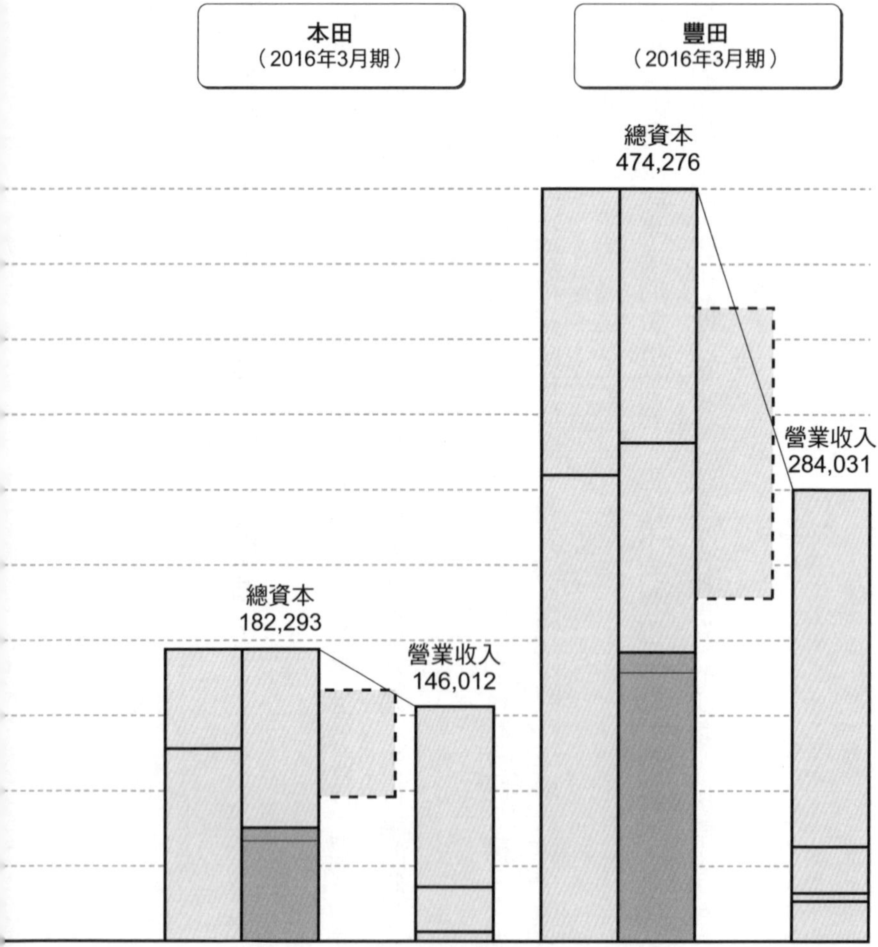
本田
（2016年3月期）
豐田
（2016年3月期）
總資本
474,276
營業收入
284,031
總資本
182,293
營業收入
146,012

圖表 2-27　4 家車廠的同業比較（2016 / 3）

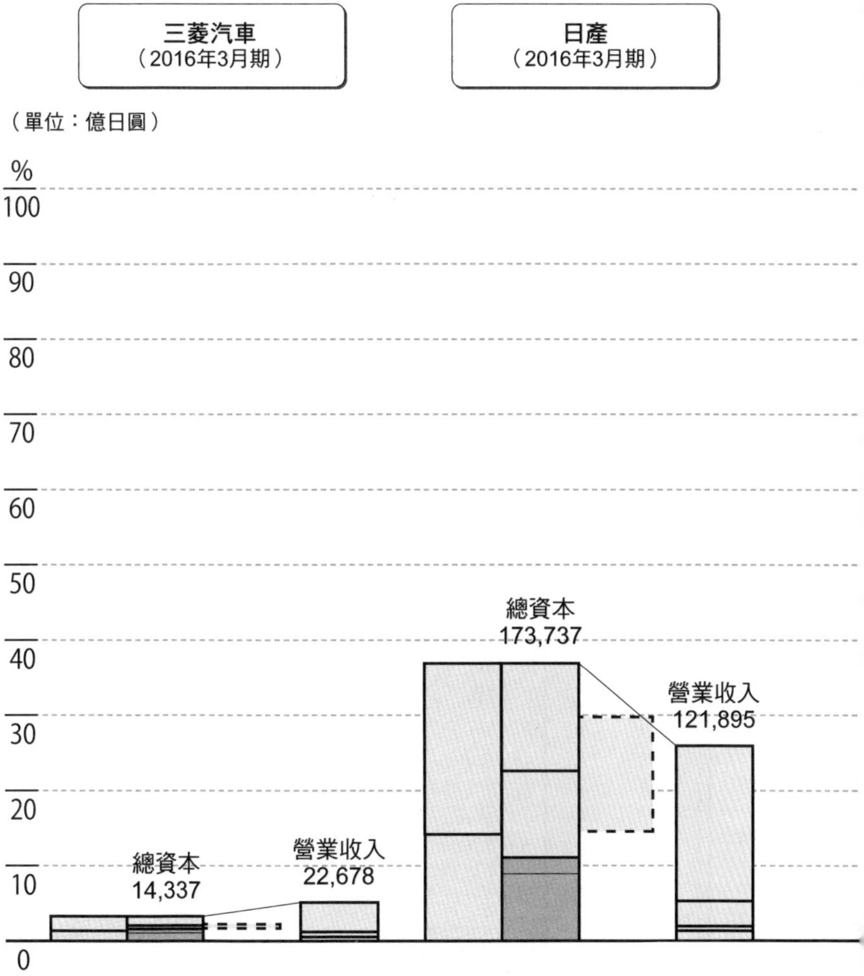
三菱汽車
（2016年3月期）
日產
（2016年3月期）
（單位：億日圓）
%
100
90
80
70
60
50
40
30
20
10
0
總資本
14,337
營業收入
22,678
總資本
173,737
營業收入
121,895

股東權益報酬率	10.1%
財務槓桿	10.03
總資本周轉率	0.09
本期淨利率	11.6%

金融事業
（2016年3月期）

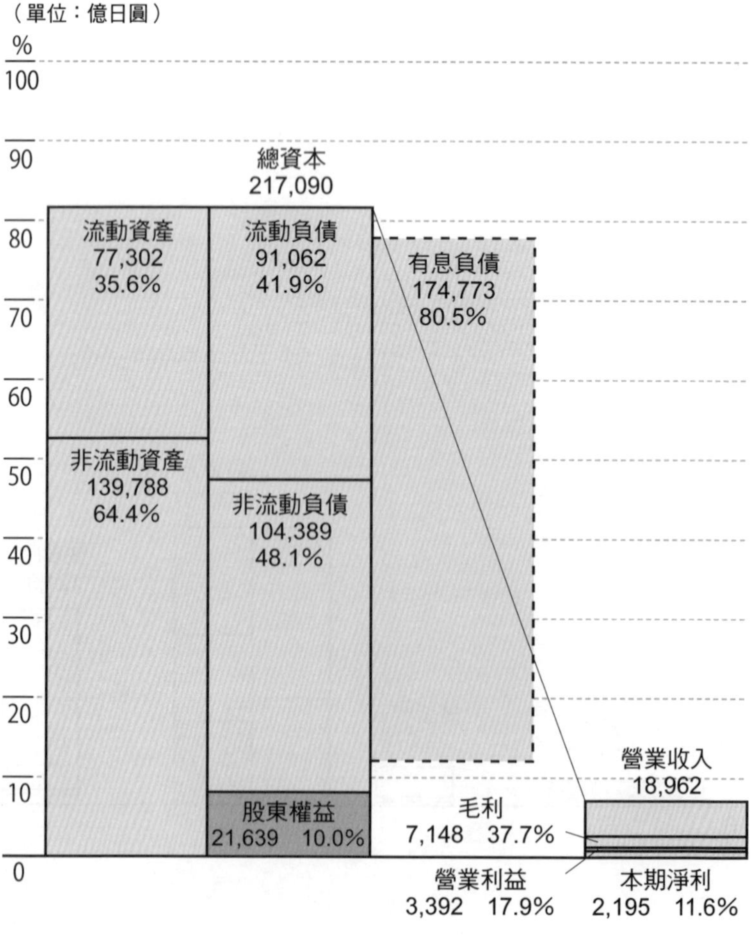

（單位：億日圓）
%
100
90
80
70
60
50
40
30
20
10
0
總資本
217,090
流動資產
77,302
35.6%
非流動資產
139,788
64.4%
流動負債
91,062
41.9%
非流動負債
104,389
48.1%
股東權益
21,639 10.0%
有息負債
174,773
80.5%
營業收入
18,962
毛利
7,148 37.7%
營業利益
3,392 17.9%
本期淨利
2,195 11.6%

圖表 2-28　豐田汽車的汽車事業 V.S. 金融事業

股東權益報酬率	13.1%
財務槓桿	1.67
總資本周轉率	1.00
本期淨利率	7.9%

汽車事業
（2016年3月期）

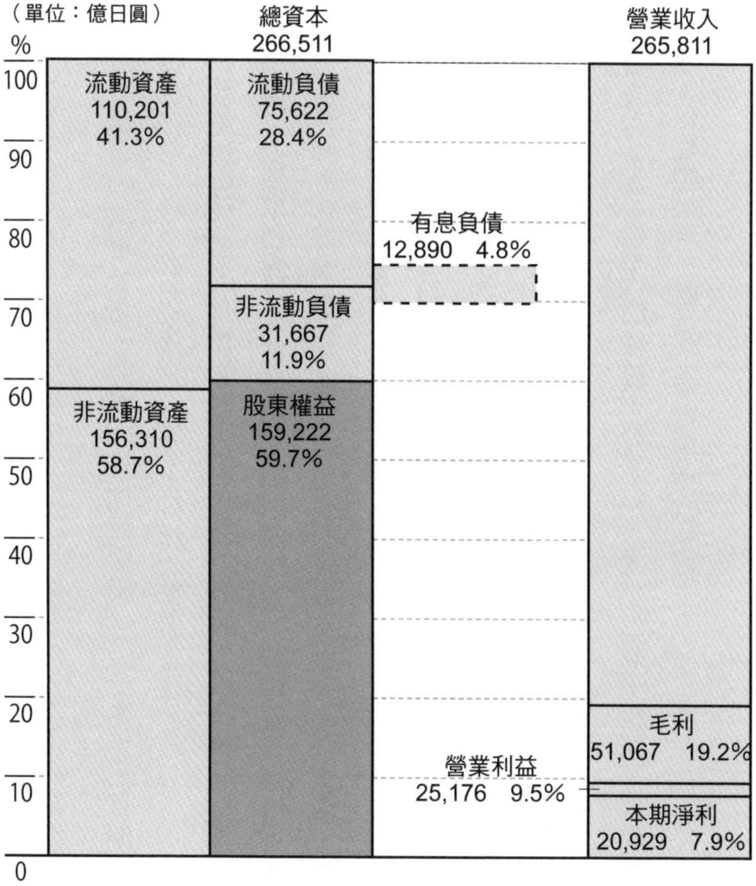

（單位：億日圓）
%
100
90
80
70
60
50
40
30
20
10
0
總資本
266,511
流動資產
110,201
41.3%
非流動資產
156,310
58.7%
流動負債
75,622
28.4%
非流動負債
31,667
11.9%
股東權益
159,222
59.7%
有息負債
12,890　4.8%
營業收入
265,811
毛利
51,067　19.2%
營業利益
25,176　9.5%
本期淨利
20,929　7.9%

◆案例：豐田與福斯汽車的比較表

接下來我們也要看看歐美的汽車公司。圖表2-29是比較豐田二〇一六年三月期和福斯二〇一五年十二月期的資料，以一歐元兌換一百二十日圓的匯率計算。

日本的會計準則與歐美的會計準則有幾個細微的差異。然而，以三種財務報表來表示**籌集資金→進行投資→獲取利潤**這三項活動，則別無二致。若將圖表2-29用英文標示，以美金為單位繪製成圖形，就是圖表2-30。換算成美金的匯率是以一美金兌換一百日圓。歐美公司的財務分析也適用這項觀念，並不會改變。

福斯二〇一五年因排氣違規問題造成龐大的損失，因此無法用這一年的報酬率數字做比較（二〇一四年十二月期福斯的營業利益率為六・三%，本期淨利率為五・四%。二〇一六年三月期的日產分別為六・五%和四・三%，本田為三・四%和二・四%）。

豐田和福斯的損益表和資產負債表的樣貌十分類似，大小也幾乎相同。也許各位不熟悉福斯公司的規模，但整體來說，財務上與豐田相當相似。

◆圖解上市公司的損益表與資產負債表

在圖解分析的最後，要介紹日本上市企業常見的損益表和資產負債表樣貌。請見圖表2-31，數字都來自《產業別財務資料指南》，年度標示為二〇一五年，指的是是決算期二〇一四年四月一日到二〇一五年三月三十一日的資料總計。

大致來說，日本上市公司的自有資本比率約為四〇％，有息負債約為總資本的三〇％。流動負債和非流動負債幾乎等值，流動比率約為一五〇％。總資本周轉率約為〇・八％。毛利率約為二三％，營業利益率和本期淨利率分別約為六％與四％。

單單記住這些數字，日本上市公司常見的損益表和資產負債表圖形，就會馬上浮現在腦海。

這次製作二〇〇八年和二〇一五年的比較圖，可以看出總資本周轉率有很大的變化。我以前在研修及其他活動上不斷強調：「日本上市公司的總資本周轉率平均約為一」，因為腦子裡記的是二〇〇八年的數字。

若要直接形容日本上市公司這七年來的變化，那就是損益表擴大一成左右，但是資產負債表反而縮小約一成。明明資產變多，卻無法高效轉化為營收。

股東權益報酬率	－1.6%
財務槓桿	4.33
總資本周轉率	0.56
本期淨利率	－0.6%

福斯汽車
（2015年12月期）

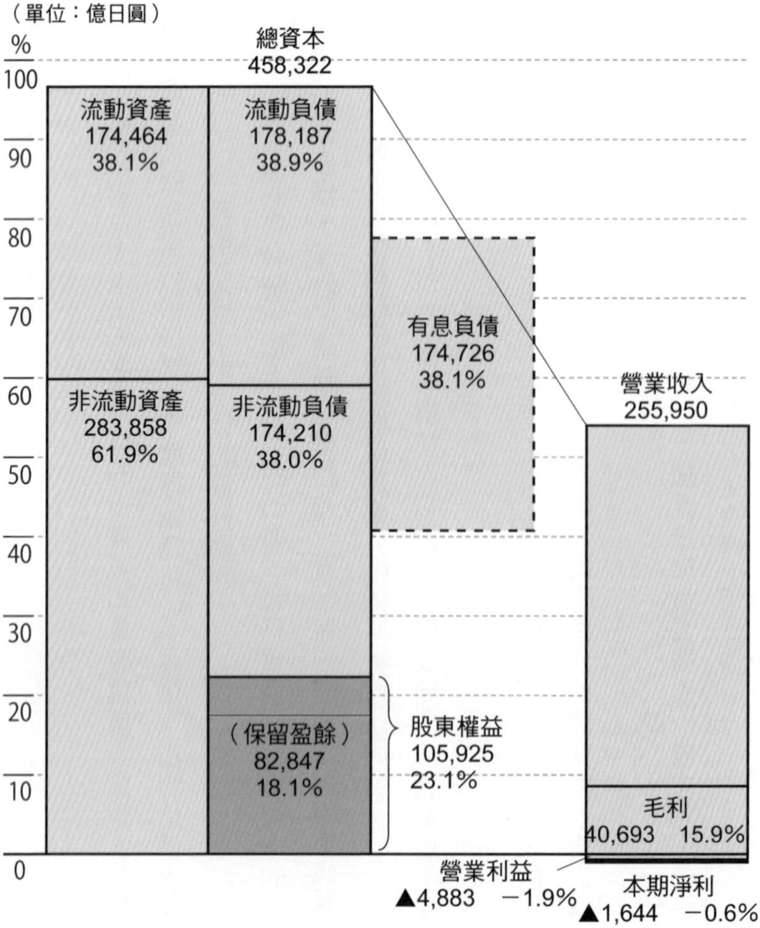

（單位：億日圓）
%
100
90
80
70
60
50
40
30
20
10
0
總資本
458,322
流動資產
174,464
38.1%
非流動資產
283,858
61.9%
流動負債
178,187
38.9%
非流動負債
174,210
38.0%
（保留盈餘）
82,847
18.1%
股東權益
105,925
23.1%
有息負債
174,726
38.1%
營業收入
255,950
毛利
40,693　15.9%
營業利益
▲4,883　－1.9%
本期淨利
▲1,644　－0.6%

圖表 2-29 豐田汽車（2016 / 3）V.S. 福斯汽車（2015 / 12）

股東權益報酬率	12.8%
財務槓桿	2.62
總資本周轉率	0.60
本期淨利率	8.1%

豐田汽車（2016年3月期）

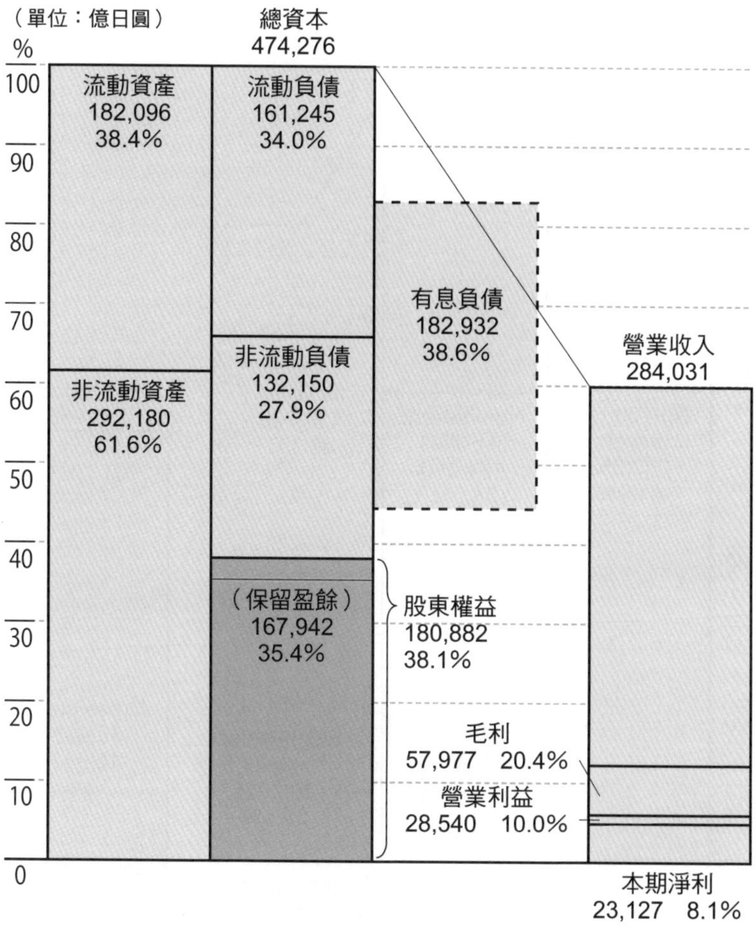

（單位：億日圓）
%
100
90
80
70
60
50
40
30
20
10
0
總資本
474,276
流動資產
182,096
38.4%
非流動資產
292,180
61.6%
流動負債
161,245
34.0%
非流動負債
132,150
27.9%
（保留盈餘）
167,942
35.4%
有息負債
182,932
38.6%
股東權益
180,882
38.1%
營業收入
284,031
毛利
57,977 20.4%
營業利益
28,540 10.0%
本期淨利
23,127 8.1%

ROE	−1.6%
Financial leverage	4.33
Total assets turnover	0.56
Net income margin	−0.6%

福斯汽車
（2015年12月期）

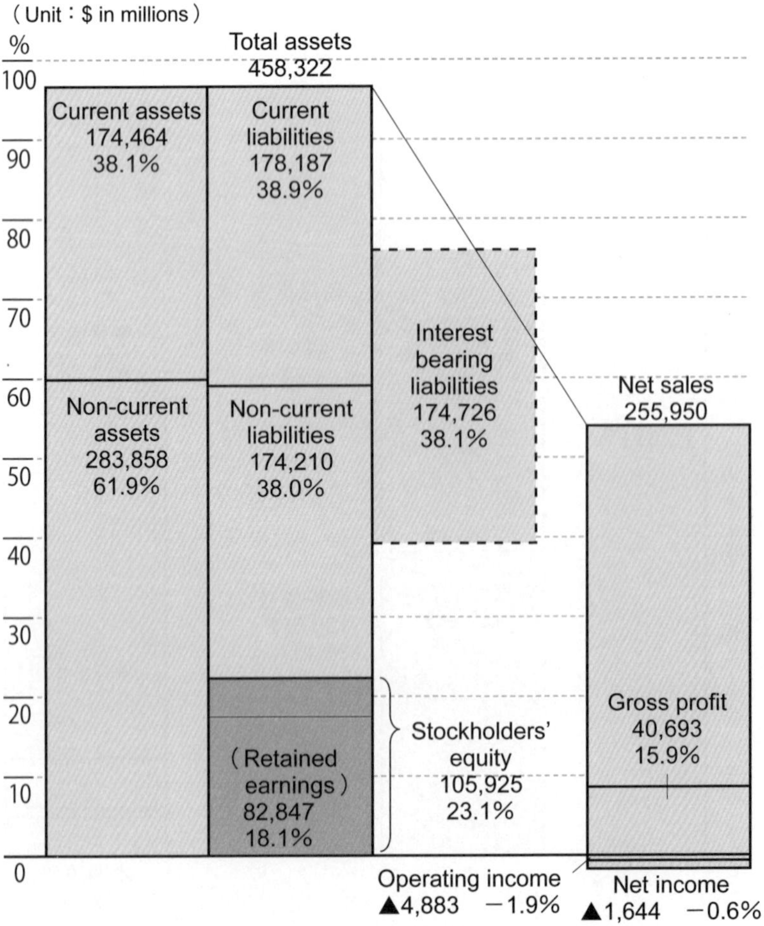

（Unit：$ in millions）
%
100
90
80
70
60
50
40
30
20
10
0
Total assets
458,322
Current assets
174,464
38.1%
Non-current
assets
283,858
61.9%
Current
liabilities
178,187
38.9%
Non-current
liabilities
174,210
38.0%
（Retained
earnings）
82,847
18.1%
Interest
bearing
liabilities
174,726
38.1%
Stockholders'
equity
105,925
23.1%
Net sales
255,950
Gross profit
40,693
15.9%
Operating income
▲4,883 −1.9%
Net income
▲1,644 −0.6%

圖表 2-30 豐田汽車（2016 / 3）V.S. 福斯汽車（2015 / 12）（英文版）

ROE	12.8%
Financial leverage	2.62
Total assets turnover	0.60
Net income margin	8.1%

豐田汽車
（2016年3月期）

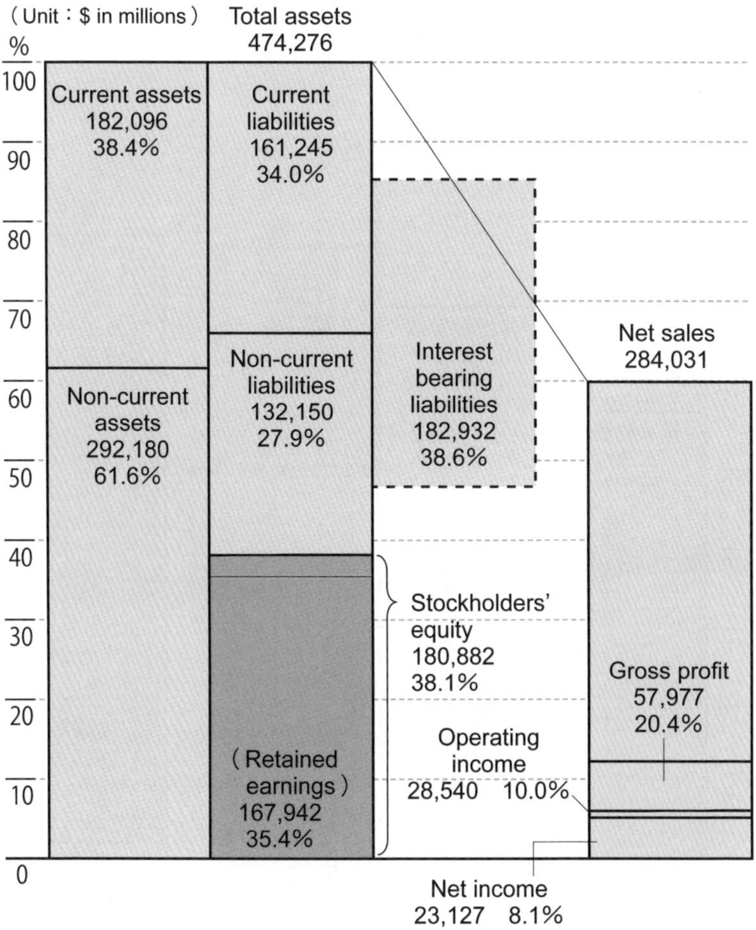

（Unit：$ in millions）
%
100
90
80
70
60
50
40
30
20
10
0
Total assets
474,276
Current assets
182,096
38.4%
Non-current
assets
292,180
61.6%
Current
liabilities
161,245
34.0%
Non-current
liabilities
132,150
27.9%
（Retained
earnings）
167,942
35.4%
Interest
bearing
liabilities
182,932
38.6%
Stockholders'
equity
180,882
38.1%
Operating
income
28,540 10.0%
Net income
23,127 8.1%
Net sales
284,031
Gross profit
57,977
20.4%

股東權益報酬率	7.2%
財務槓桿	2.40
總資本周轉率	0.79
本期淨利率	3.8%

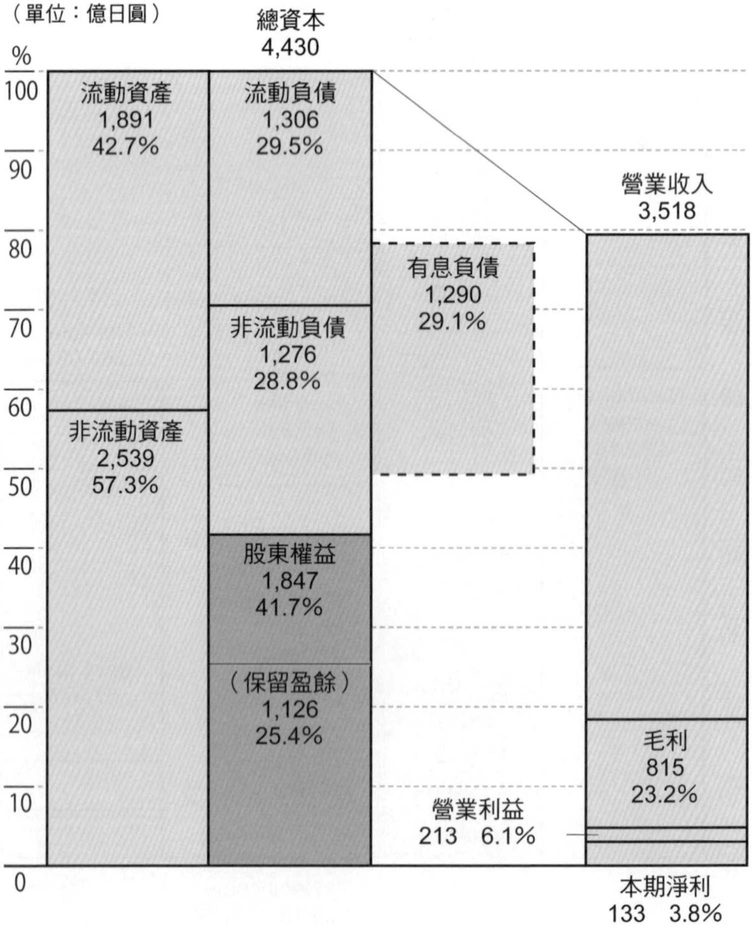

（單位：億日圓）
總資本
4,430
%
100
90
80
70
60
50
40
30
20
10
0
流動資產
1,891
42.7%
非流動資產
2,539
57.3%
流動負債
1,306
29.5%
非流動負債
1,276
28.8%
股東權益
1,847
41.7%
（保留盈餘）
1,126
25.4%
有息負債
1,290
29.1%
營業收入
3,518
毛利
815
23.2%
營業利益
213　6.1%
本期淨利
133　3.8%

圖表 2-31 日本上市公司平均值（2008 V.S. 2015）

股東權益報酬率	8.7%
財務槓桿	2.53
總資本周轉率	0.95
本期淨利率	3.6%

（單位：億日圓）

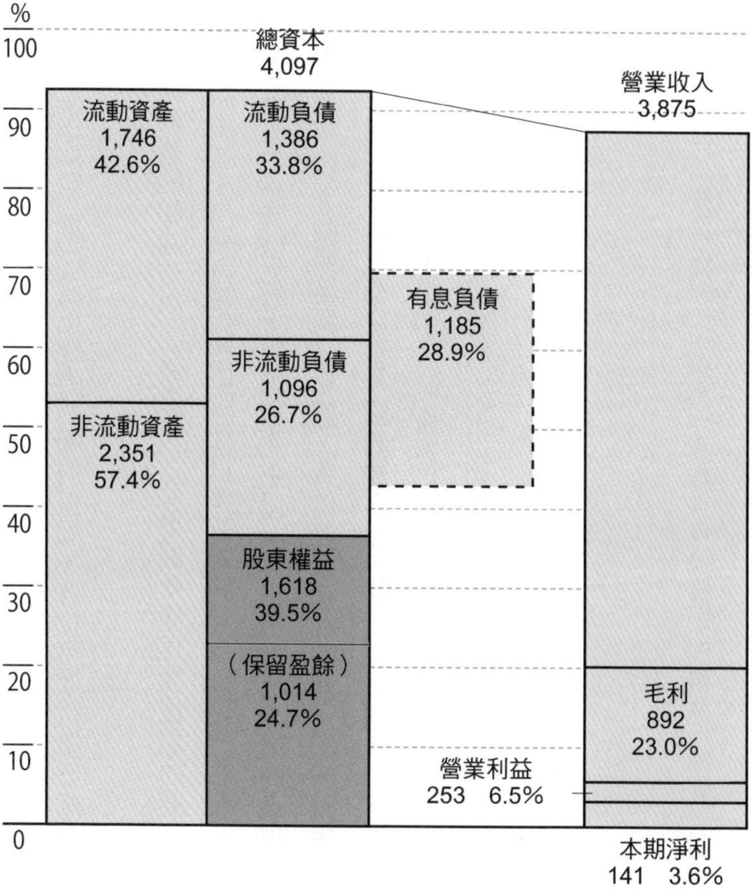
%
100
90
80
70
60
50
40
30
20
10
0
總資本
4,097
流動資產
1,746
42.6%
非流動資產
2,351
57.4%
流動負債
1,386
33.8%
非流動負債
1,096
26.7%
股東權益
1,618
39.5%
（保留盈餘）
1,014
24.7%
有息負債
1,185
28.9%
營業收入
3,875
毛利
892
23.0%
營業利益
253 6.5%
本期淨利
141 3.6%

換句話說，日本產業界的整體資產增加，卻沒有產生符合時代的新價值。與蘋果和亞馬遜等產生新價值的企業比較，就能看出雙方明顯的差異。各位可期待第三章的分析。

最後，要稍微說明繪圖軟體的相關資訊。過去有一套繪圖軟體以我提倡的圖解分析為基礎，叫作《圖解的高手》，由朝日新聞出版社以書籍附贈 CD-ROM 的形式販賣。這套軟體已銷售一空。現在，設計者五十嵐義和先生以《財務看得見❾》的名稱，在 Vector 網站銷售類似的軟體。這套軟體為共享軟體，各位能以部分功能受限的試用版形式使用兩個星期，假如喜歡的話，可以從 Vector 購買驗證碼，使用正式版。

這本書刊登的圖解分析原圖，全都是用《財務看得見》繪製而成。《財務看得見》另外新增了使用者希望增加的貨幣選擇功能，可以切換日圓和美金。

❾ 日文原名為「財務が見えてる」，截至二〇一八年十一月為止仍於 Vector 網站上販售。網址為：http://nobotta.dazoo.ne.jp/miel/index.html

NOTE

第 3 章

地雷股與成長股的財報怎麼看？

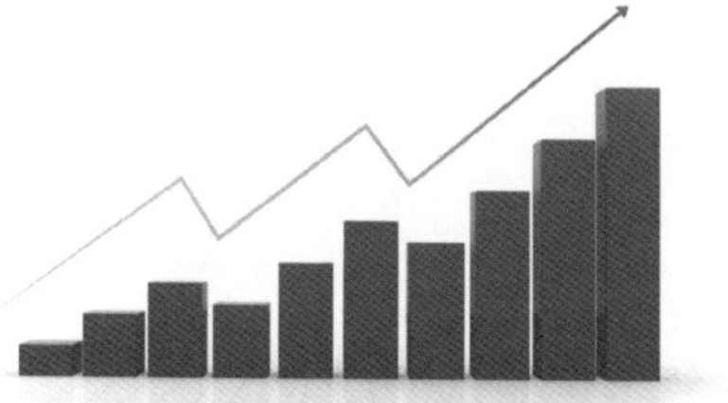

1 收購對股東有什麼影響？對企業有什麼好處？

相信各位已透過第一、二章，了解財務分析重點和具體分析方法。接下來，第三章則要看看其他各行各業眾多公司的案例。

各位讀到這裡，財務分析能力應該已經達到一定程度，只要觀察接下來介紹的公司損益表和資產負債表圖形，就會知道這些公司處在什麼狀態。因此，第三章的說明將不再依循第二章解釋過的步驟，而是把重點放在突出之處。

另外，本書特地增加歐美公司的實例，這十年來，歐美公司的發展比日本更為顯著。接下來，我們看看汽車業以外的公司。

◆案例：軟體銀行以高風險槓桿手法去收購，一舉由虧轉盈

一開始先比較日本的通訊產業 NTT DOCOMO 和軟體銀行（Softbank）（以下簡稱為軟銀）。首先來比較二〇〇四年三月期的 NTT DOCOMO 和軟銀，相關資料可見圖表 3-1。

由於圖形非常小，請各位比較大致的尺寸即可。當時軟銀的總資本約為 NTT DOCOMO 的五分之一，就連營業收入都在十分之一左右。軟銀過去累計下來的保留盈餘為負二千一百零六億日圓，當年的本期淨利則為一千零七十一億日圓的赤字。

在有息負債方面，NTT DOCOMO 為一兆零九百一十六億日圓，軟銀則為五千七百五十六億日圓。由此可知，軟銀的公司規模小，有息負債卻很多。

二〇〇四年的軟銀，規模小到沒辦法跟 NTT DOCOMO 相比，有息負債超過年度營業收入，甚至還有赤字，營運可說是陷入嚴峻的狀況。

圖表 3-2 是二〇一三年三月期的資料，從中可以看出兩家公司的規模勢均力敵。會變成這樣，是因為 iPhone 賣得很好嗎？那當然是原因之一，不過最大的原因是二〇〇六年軟銀收購沃達豐（Vodafone）。

股東權益報酬率	−32.4%
財務槓桿	4.29
總資本周轉率	0.36
本期淨利率	−20.7%

軟體銀行
（2004年3月期）

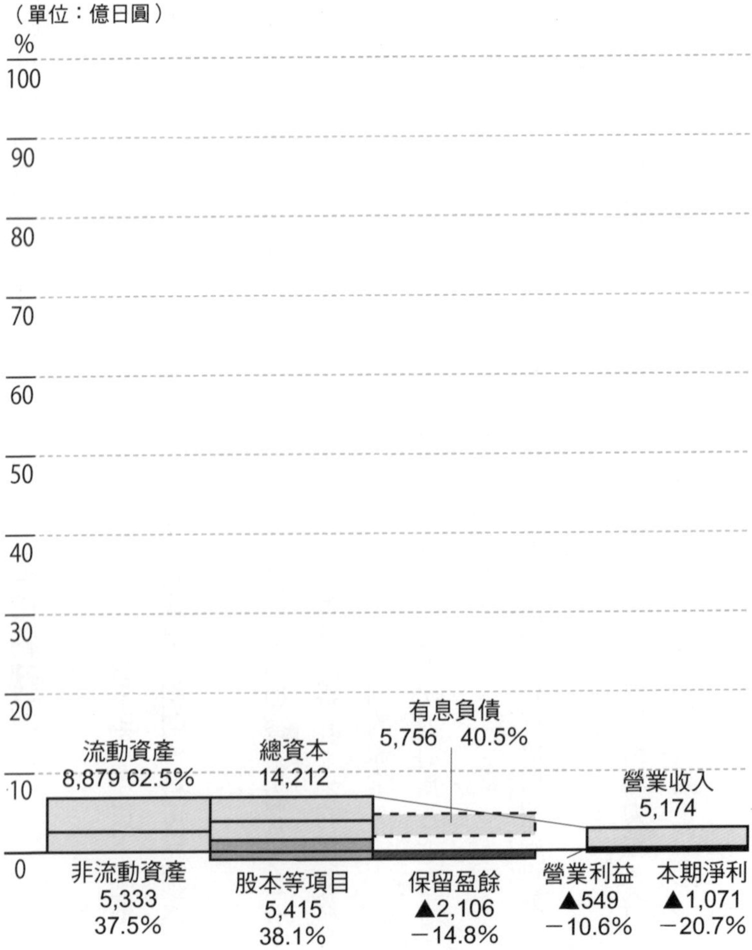
（單位：億日圓）
%
100
90
80
70
60
50
40
30
20
10
0
流動資產
8,879 62.5%
總資本
14,212
有息負債
5,756 40.5%
營業收入
5,174
非流動資產
5,333
37.5%
股本等項目
5,415
38.1%
保留盈餘
▲2,106
−14.8%
營業利益
▲549
−10.6%
本期淨利
▲1,071
−20.7%

圖表 3-1 NTT DOCOMO V.S. 軟銀（2004 / 3）

股東權益報酬率	17.5%
財務槓桿	1.69
總資本周轉率	0.81
本期淨利率	12.9%

NTT DOCOMO
（2004年3月期）

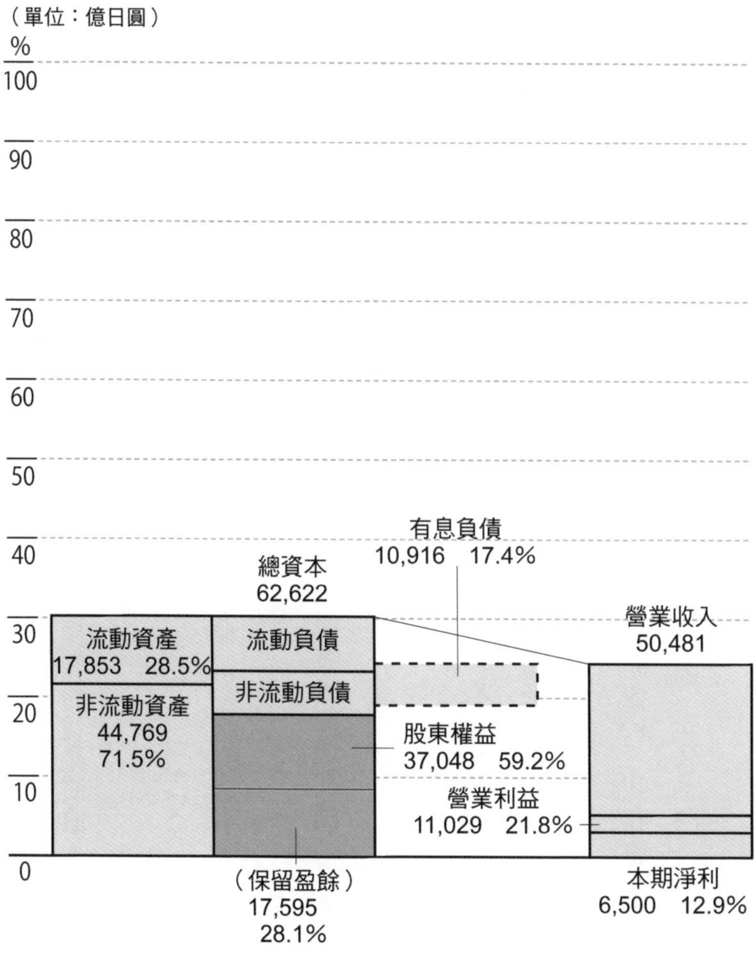

（單位：億日圓）
%
100
90
80
70
60
50
40
30
20
10
0
總資本
62,622
流動資產
17,853 28.5%
非流動資產
44,769
71.5%
流動負債
非流動負債
有息負債
10,916 17.4%
股東權益
37,048 59.2%
（保留盈餘）
17,595
28.1%
營業收入
50,481
營業利益
11,029 21.8%
本期淨利
6,500 12.9%

一般來說，通常不太可能收購比自己大的公司，而軟銀能夠成功，是因為運用槓桿收購❿的方法。換句話說，就是在調度資金時，以收購對象沃達豐的資產價值，和軟銀自己行動電話的事業價值作擔保，實現了通常無法做到的收購。

請再仔細觀察 NTT DOCOMO 和軟銀損益表和資產負債表的樣貌。NTT DOCOMO 累計許多保留盈餘，幾乎沒有借款。然而如第二章的說明，單憑保留盈餘的金額，看不出 NTT DOCOMO 的經營是否完善，但過去顯然營運得相當出色。

軟銀的保留盈餘轉為正數，由此大略可得知是在收購沃達豐後創造利潤。只不過，當時有息負債的數值也足以與年度營業收入匹敵。這邊請特別注意到借款的位數，大約有三兆日圓。

雖然營業利益率是軟銀的數字比較漂亮，不過本期淨利率則是 NTT DOCOMO 較高。由於軟銀約有三兆日圓的借款，看了這一年的損益表後，會發現軟銀單是利息就要支付三百六十七億日圓，這也是本期淨利率被壓低的原因之一。

那麼，這兩家公司在二〇一六年三月期的情況如何呢？請看圖表3-3。我在會計研修時讓學員看這張圖，有人認為是繪圖失誤，但軟銀大幅成長的原因，在於二〇一三年收購美國的通訊公司斯普林特（Sprint）。

現在，軟銀的總資本約為NTT DOCOMO的三倍，有息負債為十二兆日圓，營業利益直逼一兆日圓。順帶一提，收購斯普林特當年的決算上（二〇一四年三月期），營業利益超過了一兆日圓。

本書的第一章和第二章談到，財務分析是從財務報表解讀經營績效。像NTT DOCOMO這種累計保留盈餘、有息負債少的公司，的確堪稱優質企業。

然而，像軟銀一樣保留盈餘較少、有息負債較多的公司，也不見得是壞公司。若以積極投資作為營運策略，資產負債表的樣貌就會像軟銀一樣。由此來看，財務報表不單代表管理的績效，也能呈現經營者的決策及管理策略。接下來還會介紹其他積極投資型的公司。

⑩ 槓桿收購又稱為融資收購，全稱為Leveraged Buyout，簡稱LBO。收購公司以目標公司的資產作為擔保，並藉由大量舉債取得融資，再向目標公司股東購買股權。

股東權益報酬率	13.7%
財務槓桿	3.10
總資本周轉率	0.52
本期淨利率	8.6%

軟體銀行
（2013年3月期）

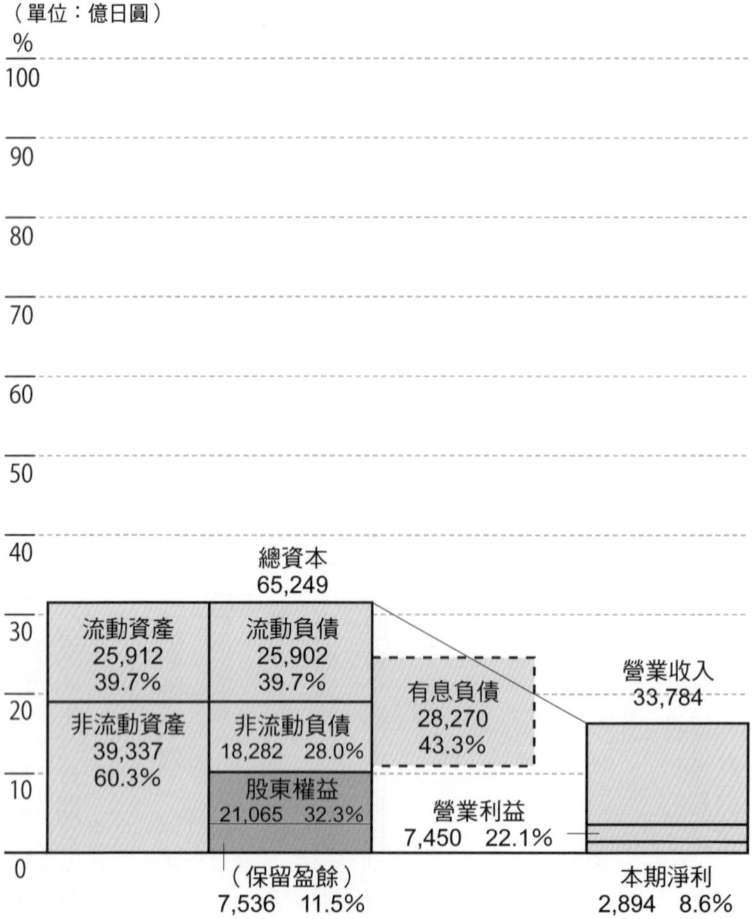

（單位：億日圓）
%
100
90
80
70
60
50
40
30
20
10
0
總資本
65,249
流動資產
25,912
39.7%
非流動資產
39,337
60.3%
流動負債
25,902
39.7%
非流動負債
18,282 28.0%
股東權益
21,065 32.3%
（保留盈餘）
7,536 11.5%
有息負債
28,270
43.3%
營業利益
7,450 22.1%
營業收入
33,784
本期淨利
2,894 8.6%

圖表 3-2　NTT DOCOMO V.S. 軟銀（2013 / 3）

股東權益報酬率	9.1%
財務槓桿	1.32
總資本周轉率	0.62
本期淨利率	11.1%

NTT DOCOMO
（2013年3月期）

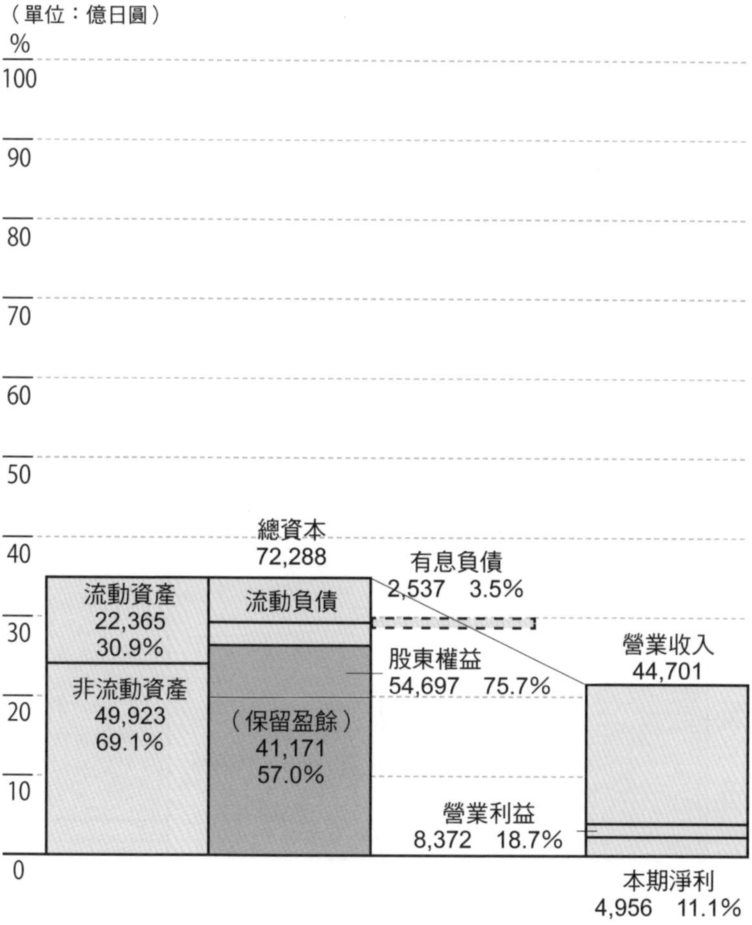
（單位：億日圓）
%
100
90
80
70
60
50
40
30
20
10
0
總資本
72,288
流動資產
22,365
30.9%
非流動資產
49,923
69.1%
流動負債
有息負債
2,537　3.5%
股東權益
54,697　75.7%
（保留盈餘）
41,171
57.0%
營業收入
44,701
營業利益
8,372　18.7%
本期淨利
4,956　11.1%

股東權益報酬率	13.5%
財務槓桿	5.91
總資本周轉率	0.44
本期淨利率	5.2%

軟體銀行
（2016年3月期）

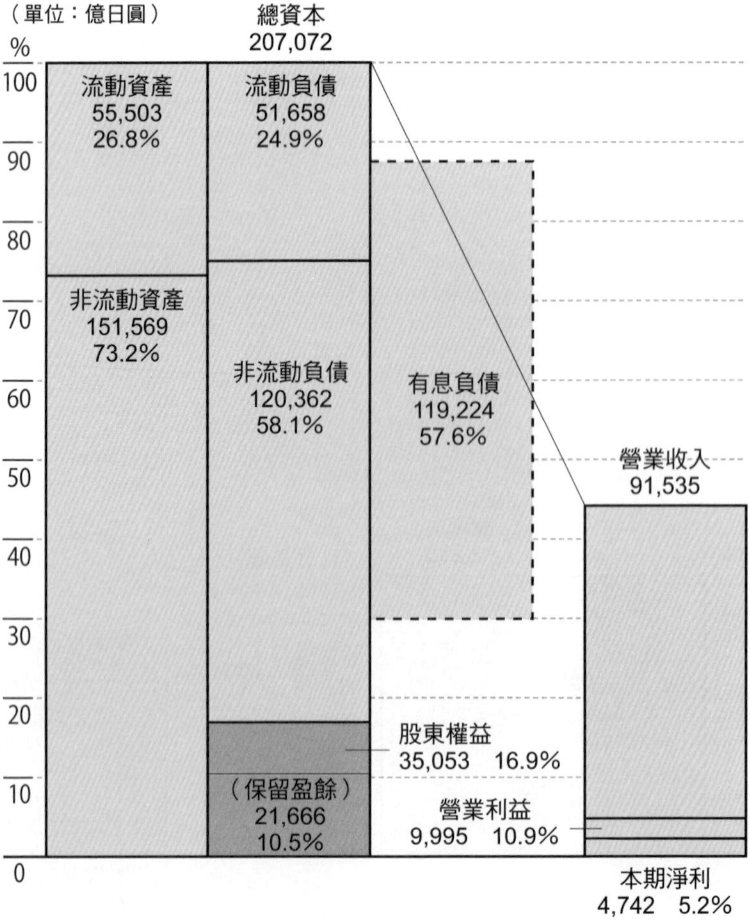
（單位：億日圓）
%
100
90
80
70
60
50
40
30
20
10
0
總資本
207,072
流動資產
55,503
26.8%
非流動資產
151,569
73.2%
流動負債
51,658
24.9%
非流動負債
120,362
58.1%
（保留盈餘）
21,666
10.5%
有息負債
119,224
57.6%
股東權益
35,053　16.9%
營業利益
9,995　10.9%
營業收入
91,535
本期淨利
4,742　5.2%

圖表 3-3　NTT DOCOMO V.S. 軟銀（2016 / 3）

股東權益報酬率	10.2%
財務槓桿	1.35
總資本周轉率	0.63
本期淨利率	12.1%

NTT DOCOMO
（2016年3月期）

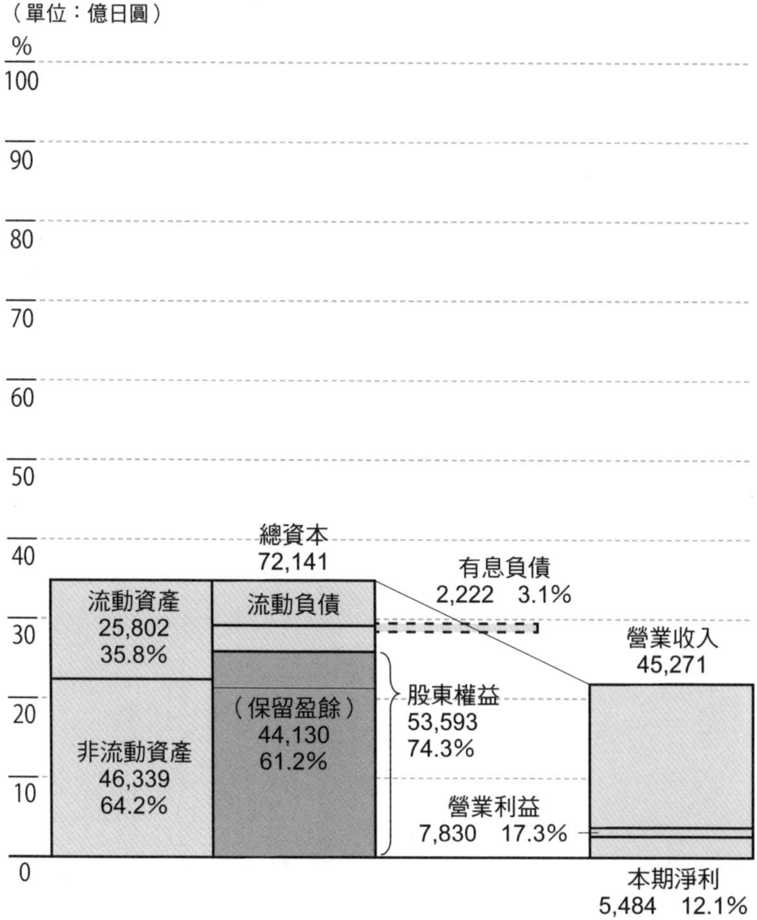

（單位：億日圓）
%
100
90
80
70
60
50
40
30
20
10
0
總資本
72,141
流動資產
25,802
35.8%
非流動資產
46,339
64.2%
流動負債
（保留盈餘）
44,130
61.2%
有息負債
2,222　3.1%
股東權益
53,593
74.3%
營業利益
7,830　17.3%
營業收入
45,271
本期淨利
5,484　12.1%

◆擁有15兆的非流動資產，箇中有何秘密？

軟銀擁有超過十五兆日圓的巨額非流動資產，確實讓人好奇原因為何，請看圖表3-4。首先讓人好奇的是超過六兆日圓的無形資產。關於這一點，決算概況刊登了以無形資產項目為名義的表格，類似於圖表3-5。

約六兆日圓的無形資產中，約有四兆日圓的FCC認證。FCC認證是在美國經營通訊事業時的聯邦通訊委員會認證。換句話說，軟銀的無形資產增加，是因為收購了在美國經營通訊事業的斯普林特。

請回到圖表3-4。無形資產上方的「商譽⓫」也有約一兆六千億日圓。收購企業時，若收購金額大於對方企業的股東權益，就以商譽表示。

軟銀於二〇〇六年收購沃達豐時，商譽也隨之增加。從累積一兆六千億日圓的商譽來看，軟銀可說是值得積極投資的公司。

⓫ 會計上，會將收購時股東權益的差距，以非流動資產計入收購公司的資產負債表左側，也就是所謂的商譽。詳細可見《連稅務人員都跟他學的財報課》。

圖表 3-4　軟銀的資產部分（2016 / 3）

（1）合併財務狀況表

（單位：百萬日圓）

	2016年3月31日
（資產部分）	
流動資產	
現金及約當現金	2,569,607
營業債權及其他債權	1,914,789
其他金融資產	152,858
存貨	359,464
其他流動資產	553,551
流動資產合計	5,550,269
非流動資產	
固定資產	4,183,507
商譽	1,609,789
無形資產	6,439,145
採權益法投資之會計處理	1,588,270
其他金融資產	970,874
遞延所得稅資產	172,864
其他非流動資產	192,474
非流動資產合計	15,156,923
資產合計	20,707,192

圖表 3-5 軟銀無形資產的項目（2016 / 3）

10. 無形資產

無形資產帳面價值的項目如下：

（單位：百萬日圓）

	2016年3月31日
非確定耐用年限的無形資產	
FCC認證	4,060,750
商標權	706,637
有確定耐用年限的無形資產	
軟體	782,148
顧客群	439,800
獲利的租賃契約	119,242
頻率轉移費用	110,472
電玩遊戲品牌名	59,844
商標權	54,066
其他	106,186
合計	6,439,145

圖表3-4的無形資產下方，有個叫作「採權益法投資之會計處理」的項目，認列大約一兆六千億日圓。

為什麼會有這個項目呢？首先，要先理解何謂「權益法合併報表」。簡單來說，持股比率超過五〇%稱為子公司，二〇%以上至五〇%以下稱為關係企業。基本上，子公司要以完全合併的方式製作財務報表，關係企業則以權益法合併的方式製作。因為關係企業採權益法合併，所以只會認列母公司持股比率的資產。

雖然子公司和關係企業並稱為關連企業，但在有價證券報告書中有一個項目叫「關係企業的狀況」，會刊載主要的子公司和關係企業的列表。

看了二〇一五年三月期的有價證券報告書後，會發現愛速客樂（ASKUL）、Japan Net銀行和BOOKOFF公司都是軟銀的關係企業。從二〇一六三月期的決算概況中，則可看出愛速客樂開始被軟銀實質掌控，因為上面寫著愛速客樂變成子公司。

另外，飯店預約網站一休現在也是軟銀的子公司。中國最大的網購平台阿里巴巴和手機遊戲大廠工合（Gungho），則是軟銀適用權益法的關係企業。我們可以從財務報表的大小，看出軟銀以此成為全球企業集團。

◆收購規模相當的美國斯普林特，遇到改善業績的難題

接下來看軟銀的部門別財務資訊。圖表3-6是軟銀四個事業部門的營業收入和營業利益資訊。

若從軟銀的營收來看，重心在於「日本通訊事業」和「斯普林特」。兩者的營收都超過三兆日圓。但斯普林特的營業利益只有日本通訊事業的十分之一左右。

（單位：百萬日圓）

其他（注1）	調整數（注2）	合併
369,460	–	9,153,549
21,280	△325,935	–
390,740	△325,935	9,153,549
73,271	△45,160	999,488

決算概況陳述的經營方針中，有個項目是「公司應當處理的課題」，上面寫著兩個項目，分別是「讓日本通訊事業的利潤穩健成長」和「改善斯普林特企業」。

根據決算概況內容可知，日本行動通訊服務的簽約數為一億五千八百五十九萬件，由於今後日本國內市場的成長會逐漸趨緩，如何在

圖表 3-6　軟銀的部門別財務資訊（2016 / 3）

2015年4月1日至2016年3月31日

	報告部門別				
	日本通訊企業	斯普林特	雅虎	物流事業	合計
營業收入					
外部顧客的營業收入	3,106,855	3,688,498	642,880	1,345,856	8,784,089
部門間的內部營業收入和重分類餘額	37,795	183,149	9,151	74,560	304,655
合計	3,144,650	3,871,647	652,031	1,420,416	9,088,744
部門利益（△損失）（營業利益（△損失））	688,389	61,485	222,787	△1,284	971,377

這種狀況下追求利潤成長，就成為一項課題。

另一方面，斯普林特則因營業收入有持續減少的傾向，為了逆轉頹勢，必須策劃削減成本。

換句話說，假如從整個軟銀集團來看，會發現儘管斯普林特是事業的重心之一，但從報酬率、事業狀況的角度來看，都是該盡快處理的重大課題。

目前為止，我們已從各種角度觀察軟銀的財務報表。雖然能從財務報表解讀的訊息有限，不過看完前面的解說，在大家心目中，對軟銀的企業形象應該多少會有改變。

軟銀給人的印象就是日本三家大型通訊公司之一，但它的資產規模約為NTT DOCOMO的三倍，還擁有與日本通訊事業同等規模的美國通訊事業，雖然表現讓人並不滿意。此外，軟銀還是擁有全球廣大網路的事業集團，範圍涵蓋阿里巴巴、愛速客樂、Japan Net銀行、一休訂房網站和工合遊戲大廠等。

雖然由尼科什・阿羅拉（Nikesh Arora）擔任孫正義社長的接班人，是順理成章的事情（後來宣布辭任）。但仔細想想，很少有日本人能領導這種規模龐大的全球企業。在撰寫原稿之際，我也認為現在英文和會計逐漸成為商務人士的必修科目。期待在不久的將來，能夠出現許多能勝任巨型企業社長的日本人。

◆如何從現金流量表，察覺公司是否重視股東？

最後要看的是NTT DOCOMO現金流量表的演變，請看下頁的圖表3-7。NTT DOCOMO每年約賺取一兆日圓的營業活動現金流量。以五年總計的角度來看，營業活動現金流量約有四成用於籌資活動。

大家是否覺得哪裡怪怪的呢？籌資活動現金流量為負數時，通常是償還借款。然而，從圖表3-2可以發現，NTT DOCOMO從相當早以前就沒有借款了。既然沒有借款，為什麼二〇一二年至二〇一六年會有超過負二兆日圓的籌資活動現金流量呢？

其實，只要看現金活動流量表的籌資活動現金流量就會明白。請看下頁圖表3-8的「取得庫藏股票支出」和「現金股利支付額」這兩個項目。這兩項的加總幾乎等於籌資現金流量的合計值。這五年的籌資活動現金流量，大半出於「取得庫藏股票的支出」和「現金股利支付額」。

取得庫藏股的目的是提升股東權益報酬率，取得庫藏股後，市場上的股票供給就會減少，股價通常會上升。雖然NTT DOCOMO是日本企業，運用現金的方式卻是重視股東的歐美路線。關於日本企業特有的現金運用風格，將會在之後說明。

圖表 3-7　NTT DOCOMO 的現金流量表演變

（單位：億日圓）

決算年	2012年	2013年	2014年	2015年	2016年	5年總計
營業活動	11,106	9,324	10,006	9,630	12,091	52,157
投資活動	△9,746	△7,019	△7,036	△6,512	△3,753	△34,066
籌資活動	△3,786	△2,610	△2,698	△7,343	△5,836	△22,273

圖表 3-8　NTT DOCOMO 的籌資活動現金流量

（4）合併現金流量表

（單位：百萬日圓）

分　類	2015年3月期（2014年4月1日到2015年3月31日）金　額	2016年3月期（2015年4月1日到2016年3月31日）金　額
籌資活動的現金流量		
增加短期借款的收入	221,606	146,880
償還短期借款的支出	△229,065	△147,022
償還現金租賃債務的支出	△1,729	△1,389
取得庫藏股票支出	△473,036	△307,486
現金股利支付額	△243,349	△271,643
給非控股股東的現金股利支付額	△1,061	△2,390
其他	△7,623	△558
籌資活動現金流量	△734,257	△583,608
匯率變動對現金及約當現金之影響	1,107	△1,388
現金及約當現金的增減額（減少：△）	△421,367	248,884
現金及約當現金的期初餘額	526,920	105,553
現金及約當現金的期末餘額	105,553	354,437

2 跨國集團的財報怎麼看？是營收還是淨利？

◆案例：比較蘋果與索尼的財報，顯現驚人的經營利潤率

接下來要比較蘋果和索尼（SONY）。圖表3-9是蘋果二〇一〇年九月期和索尼二〇一一年三月期的資料，匯率以一美金兌一百日圓換算。

雙方營業收入皆為六兆至七兆日圓，且蘋果沒有有息負債。相較之下，索尼有息負債多，與前文提過的豐田一樣，索尼擁有人壽、損害保險和銀行等金融子公司。索尼的有息負債除了短期和長期借款之外，還包含顧客存款、保險契約債務及保戶款項等。

這兩家公司之後的變化如圖表3-10所示，蘋果的營業收入約為二十三兆日圓，約為

股東權益報酬率	－8.8%
財務槓桿	4.37
總資本周轉率	0.56
本期淨利率	－3.6%

索尼
（2011年3月期）

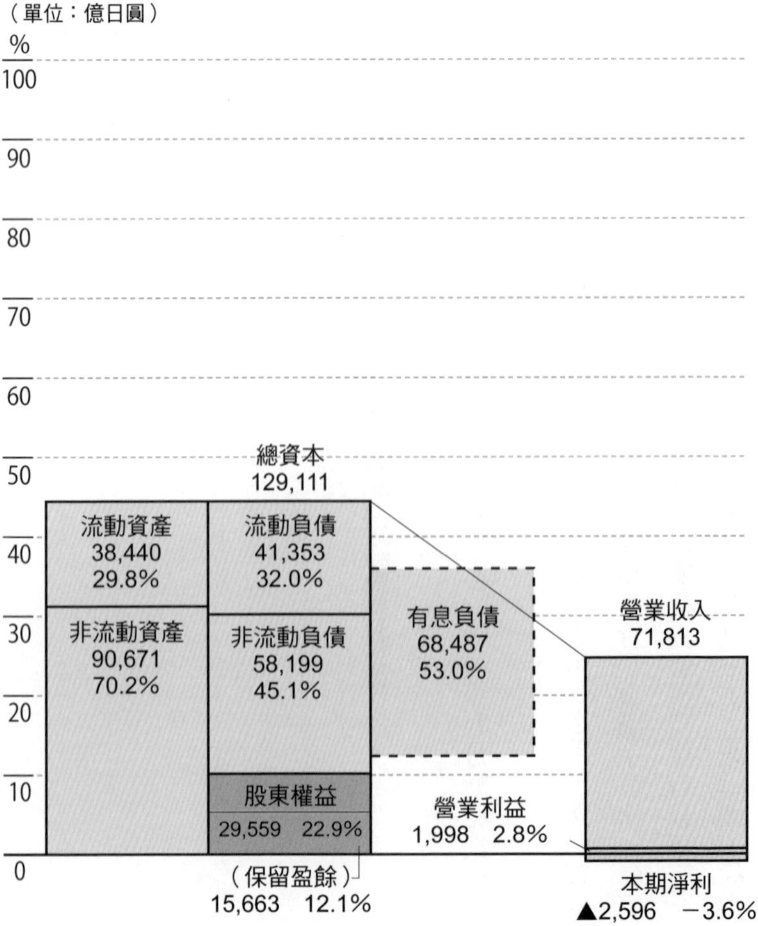
（單位：億日圓）
%
100
90
80
70
60
50
40
30
20
10
0
總資本
129,111
流動資產
38,440
29.8%
非流動資產
90,671
70.2%
流動負債
41,353
32.0%
非流動負債
58,199
45.1%
股東權益
29,559 22.9%
（保留盈餘）
15,663 12.1%
有息負債
68,487
53.0%
營業收入
71,813
營業利益
1,998 2.8%
本期淨利
▲2,596 −3.6%

圖表 3-9 蘋果（2010 / 9）V.S. 索尼（2011 / 3）

股東權益報酬率	29.3%
財務槓桿	1.57
總資本周轉率	0.87
本期淨利率	21.5%

蘋果
（2010年9月期）

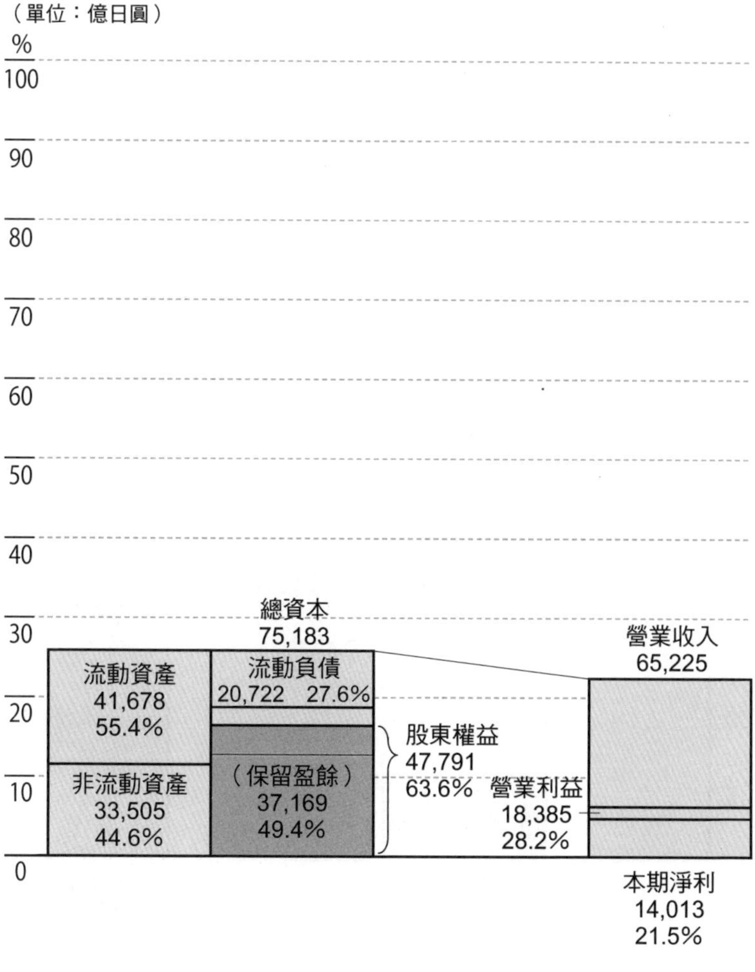

（單位：億日圓）
%
100
90
80
70
60
50
40
30
20
10
0
總資本
75,183
流動資產
41,678
55.4%
非流動資產
33,505
44.6%
流動負債
20,722 27.6%
（保留盈餘）
37,169
49.4%
股東權益
47,791
63.6%
營業收入
65,225
營業利益
18,385
28.2%
本期淨利
14,013
21.5%

股東權益報酬率	4.7%
財務槓桿	5.32
總資本周轉率	0.49
本期淨利率	1.8%

索尼
（2016年3月期）

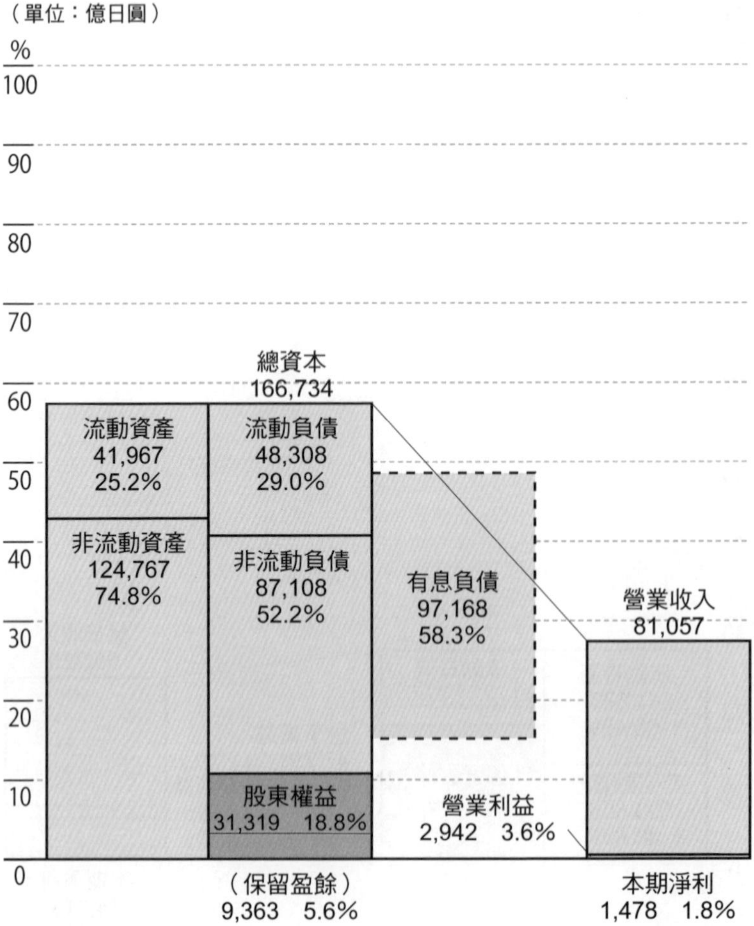

（單位：億日圓）
%
100
90
80
70
60
50
40
30
20
10
0
總資本
166,734
流動資產
41,967
25.2%
非流動資產
124,767
74.8%
流動負債
48,308
29.0%
非流動負債
87,108
52.2%
股東權益
31,319 18.8%
（保留盈餘）
9,363 5.6%
有息負債
97,168
58.3%
營業利益
2,942 3.6%
營業收入
81,057
本期淨利
1,478 1.8%

圖表 3-10 蘋果（2015 / 9）V.S. 索尼（2016 / 3）

股東權益報酬率	44.7%
財務槓桿	2.43
總資本周轉率	0.80
本期淨利率	22.8%

蘋果
（2015年9月期）

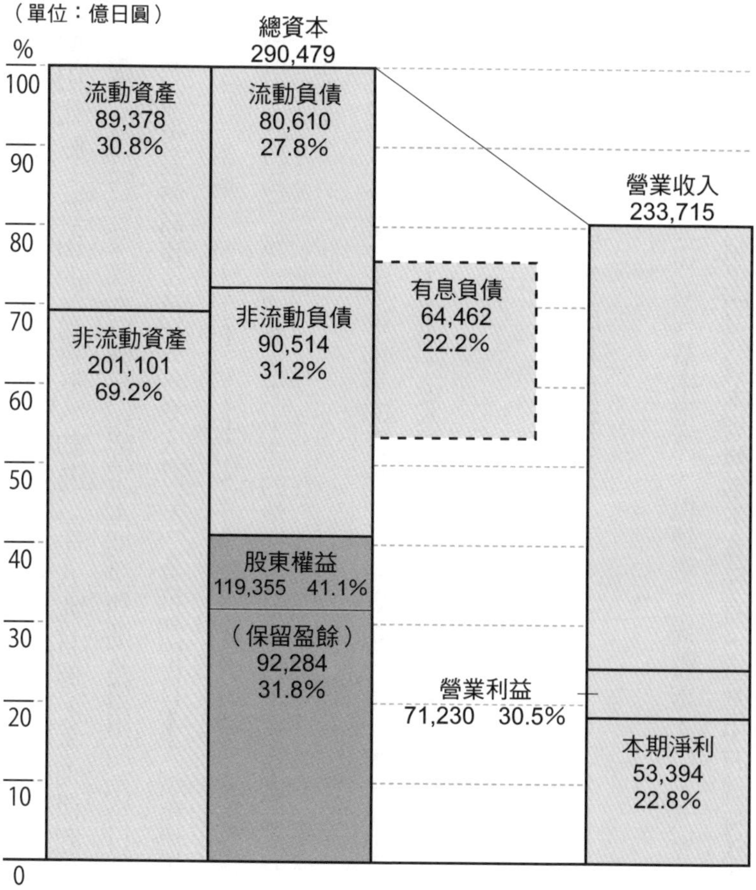

（單位：億日圓）
%
100
90
80
70
60
50
40
30
20
10
0
總資本
290,479
流動資產
89,378
30.8%
非流動資產
201,101
69.2%
流動負債
80,610
27.8%
非流動負債
90,514
31.2%
股東權益
119,355 41.1%
（保留盈餘）
92,284
31.8%
有息負債
64,462
22.2%
營業利益
71,230 30.5%
營業收入
233,715
本期淨利
53,394
22.8%

五年前的四倍，本期淨利則約為五兆日圓。

若與圖表2-29的豐田比較（豐田的營業收入約為二十八兆日圓，本期淨利約為二兆三千億日圓），蘋果公司的營業收入與豐田相近，本期淨利則為豐田的兩倍以上。

蘋果公司的營業利益率竟然高達三〇％，令人訝異。各位知道日本大型電器廠商（日立、東芝、Panasonic、索尼、富士通和ＮＥＣ等）的營業利益率是多少嗎？索尼的營業利益率就如圖表所示，約為三％。回顧過去十年的情況，日本大型電器廠商的營業利益率都在一．五％左右。

雖然行業不同，有些中小企業和創投企業的營業利益率會超過三〇％。不過，蘋果的營業收入為二十三兆日圓，歷史上沒有一家公司以這個規模締造超過三〇％的營業利益率，而且還能維持許多年。

◆蘋果財力深厚，堪比一個國家的年度預算！

是否有人好奇，為什麼蘋果公司的利益率很高，但總資本周轉率才〇．八％？難道它的資本績效其實很差？的確，蘋果的總資本周轉率不算好看，這當中有個特殊的理由。

圖表3-11是蘋果二〇一五年九月期資產負債表的股東權益部分。雖然是英文財報，但大致的架構與日本財報相似。另外，表中的數字是以百萬美金為單位，以一美金兌換一百日圓的匯率計算，可以改成以億日圓為單位。

左上方的Current assets為流動資產，從Cash and cash equivalents算起，下面記載七個流動資產的詳細科目。接著是Total current assets項目，也就是流動資產合計，在虛線框的上方。

美國重視流動性，並沒有「非流動資產」的分類，但是Total current assets下方，從Long-term marketable securities算起的五個項目，就相當於非流動資產，英文為Non-current assets（並未記載於本圖表中）。而最後一行的Total assets則是資產合計。

現在請各位看實線框。Cash and cash equivalents是中文的「現金及約當現金⓬」。下方的Short-term marketable securities，則是流動資產中具有市場性的「短期有價證

⓬ 日本規定Cash and cash equivalents在決算概況和合併資產負債表上稱為「現金及存款」，在有價證券報告書和現金流量表上則稱為「現金及約當現金」，金額亦有所差異。臺灣則一律稱為「現金及約當現金」。

圖表 3-11 蘋果的資產部分（2015 / 9）

CONSOLIDATED BALANCE SHEETS

(In millions,except number of shares which are reflected in thousands and par value)

ASSETS:	September 26, 2015
Current assets:	
Cash and cash equivalents	$ 21,120
Short-term marketable securities	20,481
Accounts receivable	16,849
Inventories	2,349
Deferred tax assets	5,546
Vendor non-trade receivables	13,494
Other current assets	9,539
Total current assets	89,378
Long-term marketable securities	164,065
Property,plant and equipment,net	22,471
Goodwill	5,116
Acquired intangible assets,net	3,893
Other assets	5,556
Total assets	$ 290,479

券」，像股票一樣能在市場買賣變現。正中央虛線框的Long-term marketable securities，則是包含在非流動資產，且具有市場性的「長期有價證券」。

換句話說，蘋果的營業收入約為二十三兆日圓，營業利益率超過三〇％，滾滾流入公司的財富，比將來要用來投資的金額還要多，這些錢就暫時換成股票或公債保存下來。

將現金及約當現金（Cash and cash equivalents）、短期有價證券（Short-term marketable securities）和長期有價證券（Long-term marketable securities）三者相加後，累計了大約二十兆日圓能夠變現的資產。這三個項目的相關資訊記載在10-K（相當於日本上市企業的有價證券報告書）中，連細微的項目都記載得非常清楚。

約十六兆日圓的長期有價證券中，有大約四兆日圓的國債及其他政府債券、十兆日圓的企業股票，另外還有二兆多日圓的其他項目。雖說長期有價證券有市場性，但也包括關係企業的股票，和其他無法實際買賣的有價證券。

分析蘋果的財報後，便知道該公司深具潛力，擁有約二十兆日圓的現金及市場性有價證券。假如蘋果想把等值現金的二十兆日圓乘以五倍的槓桿，集合納入負債，也能集資到約一百兆日圓。一百兆日圓對日本人來說應該很熟悉，它相當於日本整個國家的預算。

翻開過去企業的歷史，會發現不少獲得重大成功的公司日益衰退，沒能成功創造下一個事業機會。據說蘋果繼 iPhone 之後，也為了締造創新事業而陷入苦戰。然而，蘋果是間有潛力的公司，能動用相當於日本國家預算的資金，令人期待蘋果今後會投資哪個領域。

說到資產，索尼也擁有超過十二兆日圓的非流動資產。以公債為中心的長期有價證券約為九兆日圓。雖然索尼也持有能夠變現的巨額債券，但卻有大約九兆七千億日圓的有息負債，其中大半是銀行業務的顧客存款，及其他與金融事業有關的負債。

換句話說，索尼的機制是將顧客在金融事業儲蓄的錢，用來購買公債為主的有價證券。因此，即使九兆日圓的有價證券容易變現，也不隨意能自由使用。這一點與蘋果大為不同。

◆案例：從索尼的財報，看出氣勢從磅礴到衰微

接下來，我們要看索尼的部門別財務資訊。首先是每個事業部門的營業利益，請

圖表 3-12　索尼各事業部門別財務資訊（2016 / 3）

（單位：百萬日圓、%）

營業利益（損失）	2015年3月期（2014年4月1日至2015年3月31日）	2016年3月期（2015年4月1日至2016年3月31日）	增減率
行動通訊	△217,574	△61,435	－
電子遊戲與網路服務	48,104	88,668	＋84.3
影像產品與維修	41,779	72,134	＋72.7
家庭娛樂與音響	24,102	50,558	＋109.8
裝置	89,031	△28,580	－
電影	58,527	38,507	△34.2
音樂	60,604	87,323	＋44.1
金融	193,307	156,543	△19.0
其他	△94,977	2,009	－
小計	202,903	405,727	＋100.0
全公司（共通）及分部間交易抵銷	△134,355	△111,530	－
合併	68,548	294,194	＋329.2

看圖表3-12。

每家公司事業部門的名稱五花八門，往往無法光看名稱就了解內容。我們單就較難想像的項目，從上而下依序說明。「行動通訊」是以智慧型手機為主的行動通訊事業，「電子遊戲與網路服務」是以PlayStation及其他遊樂器為主的電子遊戲事業，「影像產品與維修」是以照相機和攝影機為主的事業，「家庭娛樂與音響」是以電視和音響設備為主的關係企業，「裝置」則是以半導體和電池等產品為主的事業。

值得注意的是實線圈起來的兩

個地方。二〇一六年三月期的「行動通訊」和「裝置」為赤字。不過，「行動通訊」的赤字幅度比上一年縮減。

圖表3-12中，營業利益前三名的是虛線框的三個數字。二〇一六年索尼獲利最多的是金融、音樂和電子遊戲。接著再看看各地區的部門別財務資訊。圖表3-13是各地區的營業收入構成比。

索尼主要的事業範圍遍及美日歐，也是索尼號稱全球企業的原因。在美國的營業收入較上年度相比大幅成長。

◆用蘋果各部門的財務資訊，分析全球智慧型手機市場

接著要盤點蘋果的部門別財務資訊。美國的10-K中也有部門別財務資訊，就跟日本的有價證券報告書一樣。

圖表3-14是蘋果的部門別財務資訊，表中的數字以百萬美金為單位，同樣以一美金兌換一百日圓的匯率計算。

圖表上方是各地區的部門別財務資訊。從二〇一四年到二〇一五年，各地區營收

圖表 3-13　索尼各地區部門別財務資訊（2016 / 3）

【各地區資訊】

合併會計年度（2015年4月1日至2016年3月31日）

（單位：百萬日圓、%）

營業收入（對外部顧客）	2015年3月期（2014年4月1日至2015年3月31日）		2016年3月期（2015年4月1日至2016年3月31日）		增減率
	金額	構成比	金額	構成比	
日本	2,233,776	27.2	2,317,312	28.6	＋3.7
美國	1,528,097	18.6	1,733,759	21.4	＋13.5
歐洲	1,932,941	23.5	1,881,329	23.2	△2.7
中國	546,697	6.7	540,497	6.7	△1.1
亞洲、太平洋地區	1,052,453	12.8	959,171	11.8	△8.9
其他地區	921,916	11.2	673,644	8.3	△26.9
合計	8,215,880	100.0	8,105,712	100.0	△1.3

成長最多的是中國，高達八四％，可見上方實線框圈起來的地方，比上一年的一八％有明顯大幅成長。

其次則是虛線框圈起來的中國和日本以外的亞洲地區，佔三四％。日本的營收幾乎沒有成長，中國約為日本的四倍。

儘管美國的營收遙遙領先，不過可以看出蘋果眼中的主要市場是美國、歐洲和中國三個地區。

圖表3-14中間的部份是各產品的部門別財務資訊。各產品當中，成長最大的是iPhone的五二％，就在中間區塊實線框圈起來的地方。以二〇一五年來說，iPhone的營業收

圖表 3-14 蘋果的部門別財務資訊（2015 / 9）

	2015	Change	2014	Change	2013
Net Sales by Operating Segment:					
Americas	$ 93,864	17%	$ 80,095	4%	$ 77,093
Europe	50,337	14%	44,285	8%	40,980
Greater China	58,715	84%	31,853	18%	27,016
Japan	15,706	3%	15,314	11%	13,782
Rest of Asia Pacific	15,093	34%	11,248	(7)%	12,039
Total net sales	$ 233,715	28%	$ 182,795	7%	$ 170,910
Net Sales by Product:					
iPhone (1)	$ 155,041	52%	$ 101,991	12%	$ 91,279
iPad (1)	23,227	(23)%	30,283	(5)%	31,980
Mac (1)	25,471	6%	24,079	12%	21,483
Services (2)	19,909	10%	18,063	13%	16,051
Other Products (1)(3)	10,067	20%	8,379	(17)%	10,117
Total net sales	$ 233,715	28%	$ 182,795	7%	$ 170,910
Unit Sales by Product:					
iPhone	231,218	37%	169,219	13%	150,257
iPad	54,856	(19)%	67,977	(4)%	71,033
Mac	20,587	9%	18,906	16%	16,341

入約有十五兆五千億日圓，約佔全體營業收入的六六％。Mac 的營收只增加六％，iPad 的營收也在減少。現在蘋果的主要產品完全變成 iPhone。

看了蘋果的部門別財務資訊，似乎可以從智慧型手機事業觀察到世界經濟的脈動。

◆從蘋果和索尼的現金流量表，解密出什麼策略訊息？

最後，我們要看這兩家公司的現金流量表。圖表 3-15 是蘋果與索尼的現金流量表演變。首先比較兩家公司的營業活動現金流量值，可以發現位數差了一位。就二〇一五年來說，蘋果藉由營業活動賺取約八兆日圓的現金。

蘋果的現金流量表幾乎一向都是（＋、－、－）模式。其實，只要仔細觀察就會發現，籌資活動現金流量大多是取得庫藏股和發給股東的股利。

另外，關於投資活動現金流量方面，蘋果每年會進行大約一兆日圓規模的設備投資，剩下大半用來取得市場有價證券。

接下來請看索尼的現金流量表，索尼的現金流量表幾乎都是（＋、－、－、＋）模

圖表 3-15　蘋果與索尼的現金流量表演變

蘋果　　（單位：億日圓）

決算年	2011年	2012年	2013年	2014年	2015年	5年總計
營業活動	37,529	50,856	53,666	59,713	81,266	283,030
投資活動	△40,419	△48,227	△33,774	△22,579	△56,274	△201,273
籌資活動	1,444	△1,698	△16,379	△37,549	△17,716	△71,898

索尼　　（單位：億日圓）

決算年	2012年	2013年	2014年	2015年	2016年	5年總計
營業活動	5,163	4,762	6,641	7,546	7,491	31,603
投資活動	△8,829	△7,053	△7,105	△6,396	△10,304	△39,687
籌資活動	2,606	885	2,079	2,632	3,801	6,739

式。以五年總計來說，是拿比營業活動現金流量還多的金額來投資。

索尼究竟在投資什麼？請看圖表3-16右下方的數字，與圖表3-15索尼投資活動現金流量的五年總計數字一致。換句話說，圖表3-16是索尼的投資活動現金流量項目。

請看圖表3-16右邊最上方實線圈起來的數字，索尼五年來購買了一兆五千八百三十八億日圓的非流動資產，平均每年進行約三千億日圓規模的設備投資。

值得注意的是，下面兩個用虛線框圈起來的地方。「金融事業的投資及貸款」的項目當中，五年總計為五兆二千八百八十六億日圓，「金融事業的投資出售與償還及回收貸款」的五年總計則為二兆三千一百八十四億日圓，兩者相差約三兆日圓。

換句話說，每年約有六千億日圓用在金融事業的相關投資上。增加的長期有價證券主要與金融事業有關，也意味著金融事業規模以每年六千億日圓在增加。若從索尼獲取利潤、擴大經營事業的觀點來看，它現在給人的印象就是家金融公司。

這次蘋果和索尼的財務分析，是否符合各位對這兩家公司的印象呢？雖然我認為蘋果有獲利，但沒想到報酬率這麼高，有如此龐大的現金，這五年的營收還膨脹四倍。更令人驚訝的是，它在中國以特殊的態勢成長。

至於索尼，原本不知道索尼的金融事業竟然這麼具存在感。由此可知，只要進行財務分析，就能掌握企業的實況和行動。

◆案例：為什麼ＩＢＭ財務呈現黑字，卻看起來像負債？

最後，拿規模與索尼相仿的美國公司ＩＢＭ做比較。請看圖表3-17，ＩＢＭ的資產負債表很特殊。

（單位：億日圓）

	2012年	2013年	2014年	2015年	2016年	5年總計
	△3,825	△3,265	△2,835	△2,159	△3,754	△15,838
	227	2,458	997	368	265	4,314
	△10,282	△10,468	△10,326	△9,600	△12,211	△52,886
	△280	△924	△149	△200	△208	△1,761
	4,745	4,007	4,266	4,825	5,341	23,184
	932	780	754	495	815	3,776
	84	528	150	1	178	941
	△429	△168	37	△125	△729	△1,415
	△8,829	△7,053	△7,105	△6,396	△10,304	△39,687

ＩＢＭ的營業收入為八兆日圓，跟索尼幾乎同等規模，其報酬率也相當耀眼，想必是在擴展獨特、高附加價值的服務。

不過，ＩＢＭ的資產負債表卻往基準線以下凸出。前文也解釋過，當保留盈餘為負數時，圖形就會變成這樣。然而，ＩＢＭ是持續黑字的優質企業。即使處於資產負債表下方，保留盈餘也有十四兆六千一百二十四億日圓的正值。

為什麼資產負債表會往基準線下凸一塊？因為「股本等項目」為負值。繪圖軟體中的「股本等項目」，是股東權益合計減掉保留盈

圖表 3-16 索尼投資現金流量的演變

決算年	
購置非流動資產	
出售非流動資產	
金融事業的投資及貸款	
投資及貸款（金融事業以外）	
金融事業的投資出售與償還及回收貸款	
出售投資與償還及回收貸款（金融事業以外）	
出售事業	
其他	
投資活動使用的現金、存款及約當現金（淨值）	

餘後的金額。為什麼會變成這樣？因為取得庫藏股，就會以負數認列到資產負債表的股東權益。

看了ＩＢＭ資產負債表的股東權益後會發現，ＩＢＭ累計約十四兆六千億日圓的保留盈餘，而且還取得幾近等值的庫藏股。

後面將說明ＩＢＭ賺到的營業活動現金流量，有極高的金額用來支付股利和取得庫藏股。這也展現ＩＢＭ的經營風格——「公司為股東所有」，是典型的美國作風。

股東權益報酬率	91.4%
財務槓桿	7.66
總資本周轉率	0.74
本期淨利率	16.1%

IBM
（2015年12月期）

（單位：億日圓）

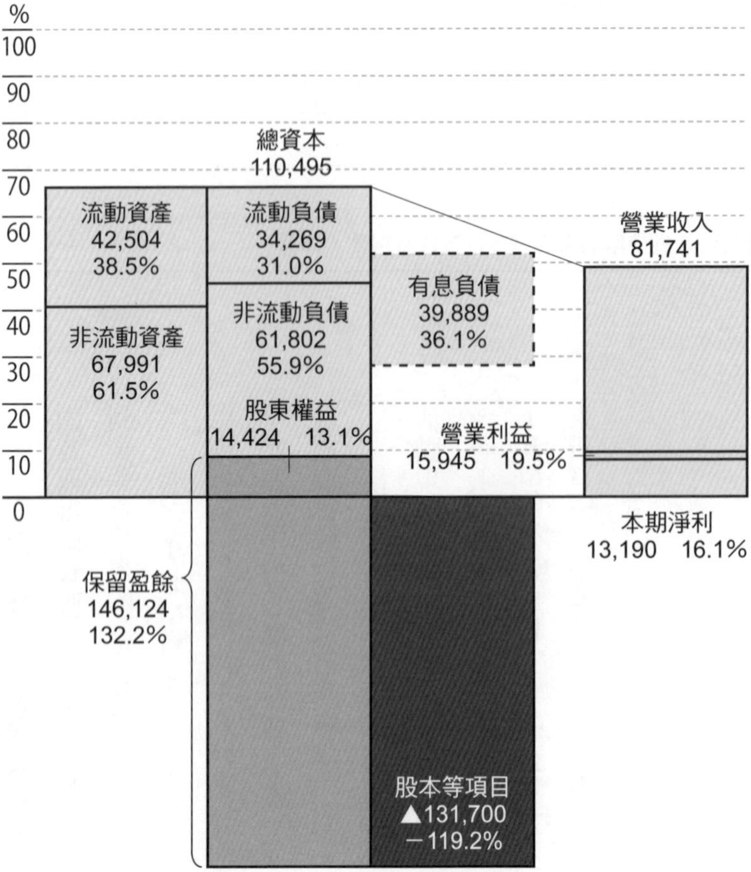

%
100
90
80
70
60
50
40
30
20
10
0
總資本
110,495
流動資產
42,504
38.5%
非流動資產
67,991
61.5%
流動負債
34,269
31.0%
非流動負債
61,802
55.9%
股東權益
14,424 13.1%
有息負債
39,889
36.1%
營業利益
15,945 19.5%
營業收入
81,741
本期淨利
13,190 16.1%
保留盈餘
146,124
132.2%
股本等項目
▲131,700
−119.2%

圖表 3-17 索尼（2016 / 3）V.S. IBM（2015 / 12）

股東權益報酬率	4.7%
財務槓桿	5.32
總資本周轉率	0.49
本期淨利率	1.8%

索尼
（2016年3月期）

（單位：億日圓）

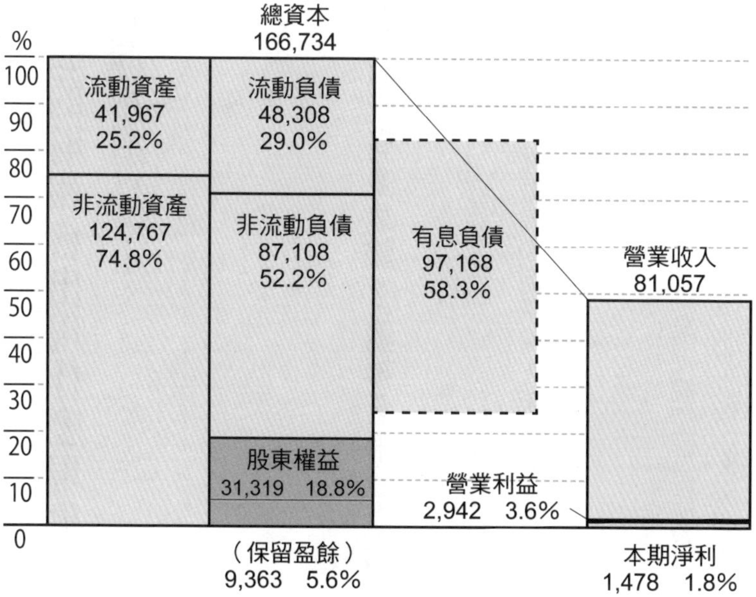
總資本
166,734
%
100
90
80
70
60
50
40
30
20
10
0
流動資產
41,967
25.2%
非流動資產
124,767
74.8%
流動負債
48,308
29.0%
非流動負債
87,108
52.2%
股東權益
31,319 18.8%
（保留盈餘）
9,363 5.6%
有息負債
97,168
58.3%
營業收入
81,057
營業利益
2,942 3.6%
本期淨利
1,478 1.8%

3 地雷股的財報會出現什麼現象？營收灌水還是……

◆案例：夏普財務狀況有多危險？賣掉全部資產還不夠清債

接下來看夏普的財務報表。夏普是二〇一六年蔚為話題的公司之一，由於業績不振，決定仰賴臺灣大型電子零件廠商鴻海精密工業（以下稱為鴻海）出資，加入其保護傘下。鴻海親身投入蘋果 iPhone 製造等業務，是具有十五兆日圓規模營業收入的大企業。

二〇〇〇年代初期的夏普是家優質企業，液晶電視擁有超群的競爭力。營業利益率以五%的程度變化，在日本的電器廠商名列前茅。接下來我們來比較夏普二〇〇八年三月期和二〇一六年三月期的資料。請看圖表 3-18。

夏普的損益表和資產負債表都變得相當小。請看二〇一六年三月期的圖形。可見經營安全性的流動比率低於一〇〇%，狀況相當惡劣。

夏普的規模與八年前相比變得非常小，有息負債卻在增加。順帶一提，從有息負債標示的上下位置，可以看出「流動負債的有息負債」，以及「非流動負債的有息負債」兩者之間的比率。目前已知夏普二〇一六年三月期的有息負債，幾乎必須要在一年以內償還。可以想像夏普接受銀行支援、設法周轉現金的模樣。

從損益表中可發現，營業活動帶來的營業利益，就有一千六百二十億日圓的赤字，本期淨利則是二千五百六十億日圓的大赤字。

資產負債表的右邊往基準線底下凸出，與二〇一三年三月期以前的三菱汽車一樣。但若仔細看，會發現夏普的例子跟前文分析過的三菱汽車稍有不同。雖然三菱汽車看起來也是向下凸一塊，但股東權益合計為正數，反觀夏普則為負數。

負債總額比資產合計還多，就是陷入無力償付的狀態。換句話說，即使夏普現在的資產，能以資產負債表左邊的相同價格全化為現金，也償還不了所有負債。另外，第一章圖表 1-9 的 B 公司（大榮超市），同樣也處於無力償付的狀態。

股東權益報酬率	820.5%
財務槓桿	−50.34
總資本周轉率	1.57
本期淨利率	−10.4%

夏普
（2016年3月期）

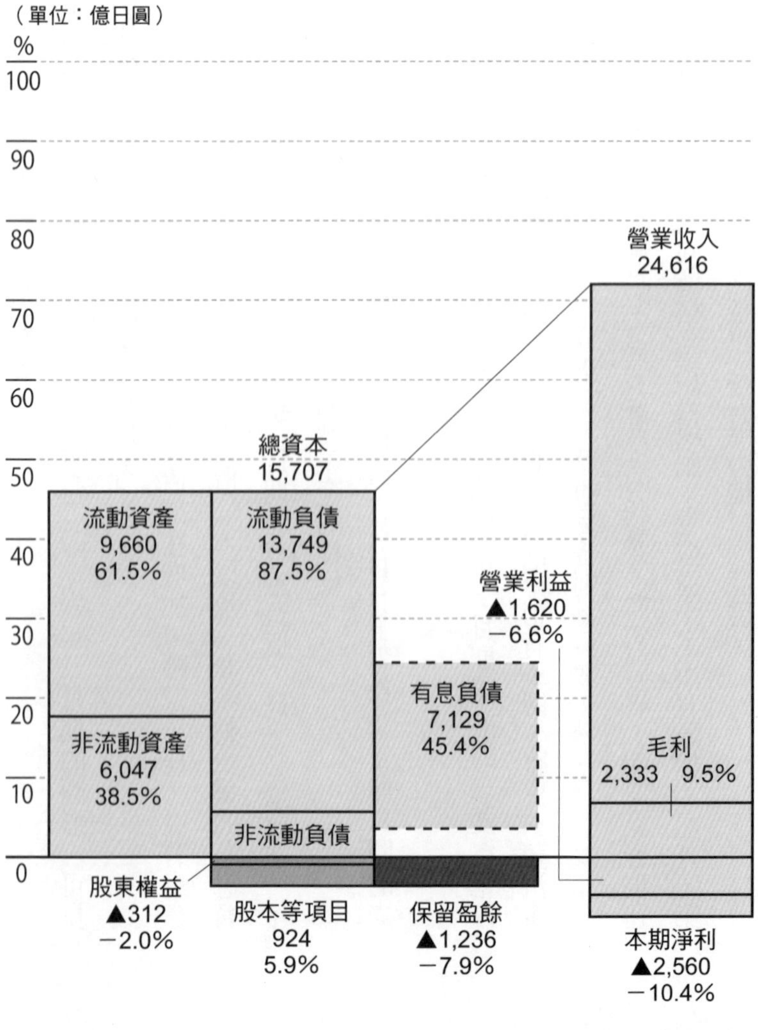

（單位：億日圓）
%
100
90
80
70
60
50
40
30
20
10
0
總資本
15,707
流動資產
9,660
61.5%
非流動資產
6,047
38.5%
流動負債
13,749
87.5%
非流動負債
有息負債
7,129
45.4%
營業利益
▲1,620
−6.6%
營業收入
24,616
毛利
2,333 9.5%
股東權益
▲312
−2.0%
股本等項目
924
5.9%
保留盈餘
▲1,236
−7.9%
本期淨利
▲2,560
−10.4%

圖表 3-18 夏普（2008 / 3 V.S. 2016 / 3）

股東權益報酬率	8.2%
財務槓桿	2.47
總資本周轉率	1.11
本期淨利率	3.0%

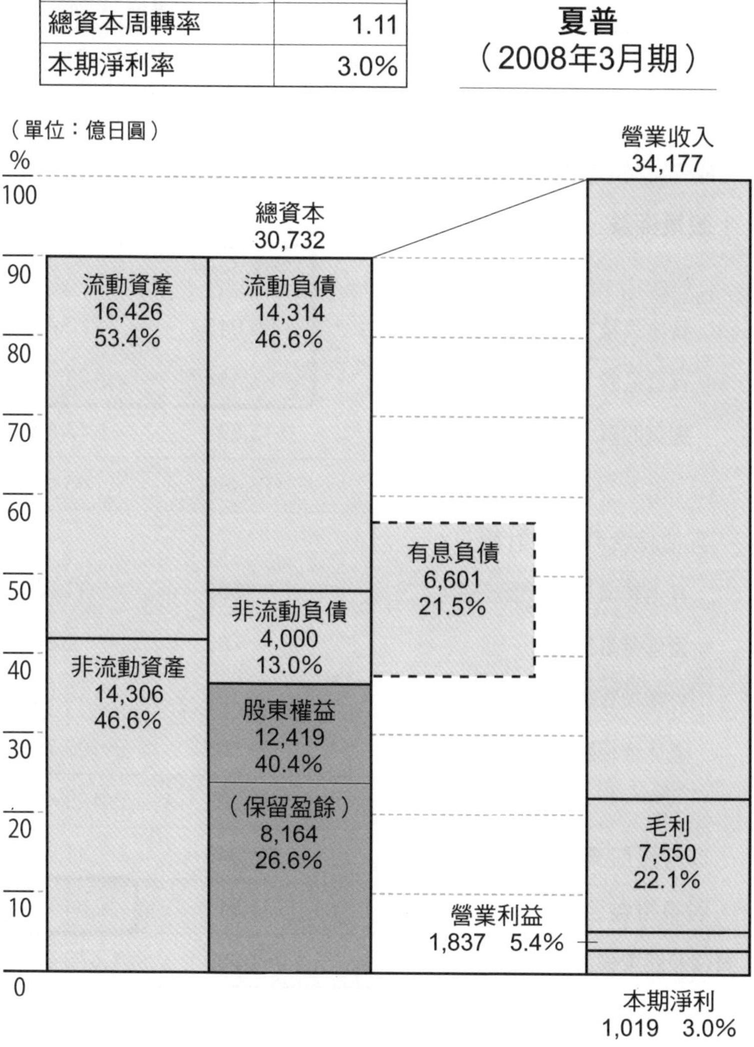

夏普
（2008年3月期）
（單位：億日圓）
%
100
90
80
70
60
50
40
30
20
10
0
總資本
30,732
流動資產
16,426
53.4%
非流動資產
14,306
46.6%
流動負債
14,314
46.6%
非流動負債
4,000
13.0%
股東權益
12,419
40.4%
（保留盈餘）
8,164
26.6%
有息負債
6,601
21.5%
營業收入
34,177
毛利
7,550
22.1%
營業利益
1,837 5.4%
本期淨利
1,019 3.0%

圖表 3-19 夏普的股東權益部分（2016 / 3）

（單位：百萬日圓）

	2015年3月期（2014年4月1日至2015年3月31日）	2016年3月期（2015年4月1日至2016年3月31日）
（股東權益部分）		
股東權益		
股本	121,885	500
資本公積	95,945	222,457
保留盈餘	△87,448	△123,644
庫藏股票	△13,893	△13,899
小計	116,489	85,414
其他綜合利益累計額		
其他有價證券評價差額	10,569	11,634
遞延避險損益	780	△843
外幣換算調整數	△18,106	△38,456
退休金相關調整累計額	△79,566	△100,799
小計	△86,323	△128,464
非控股股東權益	14,349	11,839
股東權益合計	44,515	△31,211
負債及股東權益合計	1,961,909	1,570,672

接著，看圖表3-19夏普資產負債表的股東權益部分。無力償付表示股東權益合計為負值，如最下面實線框所示的△三百一十二億一千一百萬日圓。

請各位再看上方的實線框，股本與上年度相比大幅減少，最後只剩下五億日圓。另外，資本公積和保留盈餘也產生變化。由此看來，從本期期初到本期期末，似乎經歷了各式各樣的更迭。

◆財務惡化再加速，債權轉股權與無償減資也無力回天

只要觀察股東權益變動計算表，就會知道變化如何。請各位看圖表3-20最上面一列的本期期初餘額，保留盈餘為△八百七十四億四千八百萬日圓。二〇一五年四月一日時，過去累積的利潤為負數，處於虧損狀態。

夏普在二〇一五年五月的董事會上，宣布要在六月底前進行總額二千二百五十億日圓的增資，並同時進行將股本降低至五億日圓的減資。一開始夏普為了適用中小企業的稅率優惠，宣布將股本減資至一億日圓，引發各方的嚴厲批判。最後，夏普以公司法的大公司為準，定調在最低股本的五億日圓。

圖表 3-20 夏普的股東權益變動計算書（2016 / 3）

2016年3月期（2015年4月1日至2016年3月31日）

（單位：百萬日圓）

	股東權益				
	股本	資本公積	保留盈餘	庫藏股票	股東權益合計
本期期初餘額	121,885	95,945	△87,448	△13,893	116,489
本期變動數					
發行新股	112,500	112,500			225,000
從股本重分類至公積	△233,885	233,885			
彌補虧損		△219,781	219,781		
歸屬於母公司股東的本期淨損（△）			△255,972		△255,972
權益法適用範圍的變動			△5		△5
取得集團子公司股票的持股增減		△90			△90
取得庫藏股票				△9	△9
處分庫藏股票		△2		3	1
股東權益以外項目之本期變動數（淨額）					
本期變動數合計	△121,385	126,512	△36,196	△6	△31,075
本期期末餘額	500	222,457	△123,644	△13,899	85,414

了解資本儲備、債權轉股權⓭（Debt Equity Swap，DES）、減資及彌補虧損的內容後，接下來的說明會比較簡單。

請看圖表3-20。首先以細長框圈起來的是發行新股。當時夏普進行總額二千二百五十億日圓的增資，其中一半認列為股本，剩下則為資本公積當中的資本儲備。

相信有人會納悶，誰願意對經營不振的夏普增資？其實，當時增資大半不是注入新資金，而是進行債權轉股權。換句話說，就是將夏普的主要往來銀行，瑞穗銀行和三菱東京日聯銀行（現名為三菱日聯銀行，即前文提過的東京三菱銀行）各自的一千億日圓借款轉換成股票，這個股票屬於優先股。

將借款變成股票之後，償還借款的義務就會消失，可說是改善了財務體質。然而，債權轉股權最重要的目的是彌補虧損，而不是透過發行新股讓夏普增加新的現金。

另外，總額二千二百五十億日圓的增資當中，有二千億日圓是前面提到的債權之後將會針對這一點說明。

⓭為將債權轉為股份的方法，最近常運用於企業再生。從放貸的債權人角度來看，債權一旦轉變為股權，就無法再取得利息和必須償還的本金，但債權會以股份的形式保留，因此和放棄債權相比是比較好的選擇。

轉股權所致，剩下的二百五十億日圓，則是由日本企業重組基金⓮（Japan Industrial Solutions）增資，支援企業再造。

接下來請看細長框下方的方框。股本當中有二千三百三十八億八千五百萬日圓轉移分類為保留盈餘，並從數字變多的資本公積中，轉移二千一百九十七億八千一百萬日圓以彌補虧損。

想必有人會覺得奇怪，明明只要將虧損完全消除就好，為什麼數字這麼不上不下。其實，現在講解的財務報表都是合併財務報表，假如單看夏普的個別財務報表，會發現二〇一五年三月期的保留盈餘為負二千一百九十八億日圓。夏普單一公司的虧損額獲得填補，標示在合併財務報表上。

然而，夏普經營惡化超乎預期。二〇一五年度第三季結束時（二〇一五年十二月），夏普預估全期營業利益為正一百億日圓，但最後本期淨利卻是負二千五百五十九億七千二百萬日圓（約二千五百六十億日圓），標示在虛線圈起來的地方。

結果，好不容易進行增資和減資彌補虧損，最後卻背負一千二百三十六億四千四百萬日圓虧損，就如最後一行的方框所示。另外，股本則變成五億日圓。

為什麼夏普會從超優質企業，淪落至破產邊緣？

二〇一六年三月期，夏普的營業活動現金流量為負一百八十九億日圓，換句話說，已經陷入無法靠營業活動賺取現金的地步。即使能透過債權轉股權或減資彌補虧損，使財務報表顯得好看一點，也只會改變財務報表的計算數值，並不會讓公司增加現金。但夏普需要現金以籌畫將來的投資，於是決定接受鴻海的出資。

不過，之前產業革新機構（ＩＮＣＪ）也向夏普提出三千億日圓出資的再造案。然而，產業革新機構的再造案要求雷普放棄二千億日圓的優先股，強迫銀行團體接受沉重的負擔。

由於夏普有兩位擔任經營中樞的董事曾從事銀行業（二〇一六年五月時，爾後辭任），雖基於各種理由選擇鴻海，但不難想像這是挑中鴻海的原因之一。

那麼，夏普經營不振的原因是什麼呢？觀察夏普二〇一五年三月期的有價證券報

⓮ 日本投資公司，由日本政策投資銀行、瑞穗銀行、三井住友銀行、三菱日聯銀行聯合成立。旨在幫助企業改善、重建。

告書，會發現事業部門別的資訊只有「原型業務」和「裝置業務」兩項。不過，閱讀財務報表的註記事項後，則會看到二〇一五年三月期的一千零四十億日圓減損損失中，有七百七十七億日圓的赤字與顯示器裝置事業有關。既然認列為減損損失，就代表過去在顯示器裝置事業的非流動資產投資，無法如當初預期一般產生現金。

另外，看了二〇一六年三月期決算發表的企劃資料，會發現部門別營業利益中，顯示器裝置事業創下一千二百九十一億日圓的營業赤字，佔夏普營業赤字的大半。

根據媒體和其他消息指出，夏普經營不振的原因是過度投資液晶領域，以及液晶領域 In-cell 型面板的產品開發太慢。我不懂技術方面的事情，不過夏普對液晶領域的龐大投資與後來市場環境的變化，導致液晶領域的業績不振，絕對是夏普沒落的重大原因。本書執筆之際，深切感受到經營者的決策竟然會對公司命運，產生如此深遠的影響，讓人不寒而慄。

Column 3
東芝怎麼藉由會計操作，灌水4千億的營收？

如同目前為止解說的一樣，只要分析財務報表，就能獲得許多以往不知道的資訊。相信各位對於前面分析的公司也多少有改觀。

不過，我們這些會計素人能夠從財務報表中解讀的東西有限。大企業的各個事業部以什麼策略打仗？是否還想再戰？就無法從財務報表得知。

另外，我們幾乎不可能從財務報表預測企業的將來。二〇〇〇年代初期，速霸陸與夏普的評價正好與現在相反。當時，速霸陸是汽車業的唯一輸家，相形之下，夏普則是超優質企業，營業利益率在電器業中名列前茅。

現在則與當時的狀況完全相反。然而，誰都不曉得今後兩家公司會變得如何。

圖表3-21是比較 Panasonic 和東芝（TOSHIBA）的資料，大家知道哪一

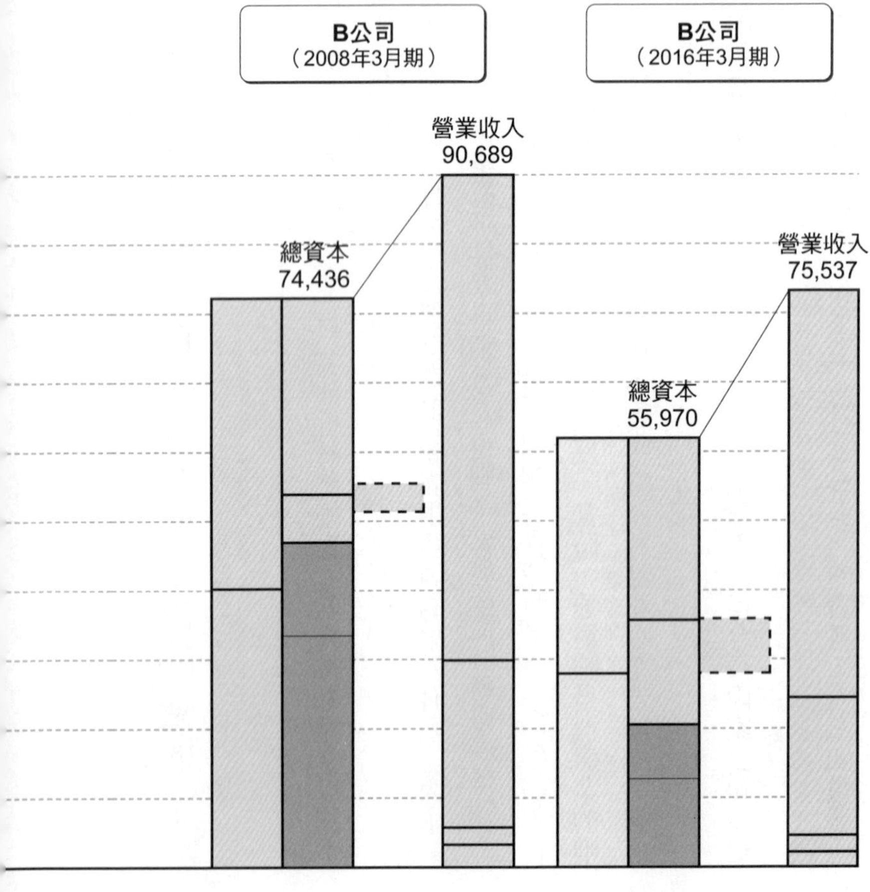
B公司
（2008年3月期）
B公司
（2016年3月期）
營業收入
90,689
總資本
74,436
營業收入
75,537
總資本
55,970

圖表 3-21 比較 A、B 兩公司 2008 / 3 與 2016 / 3

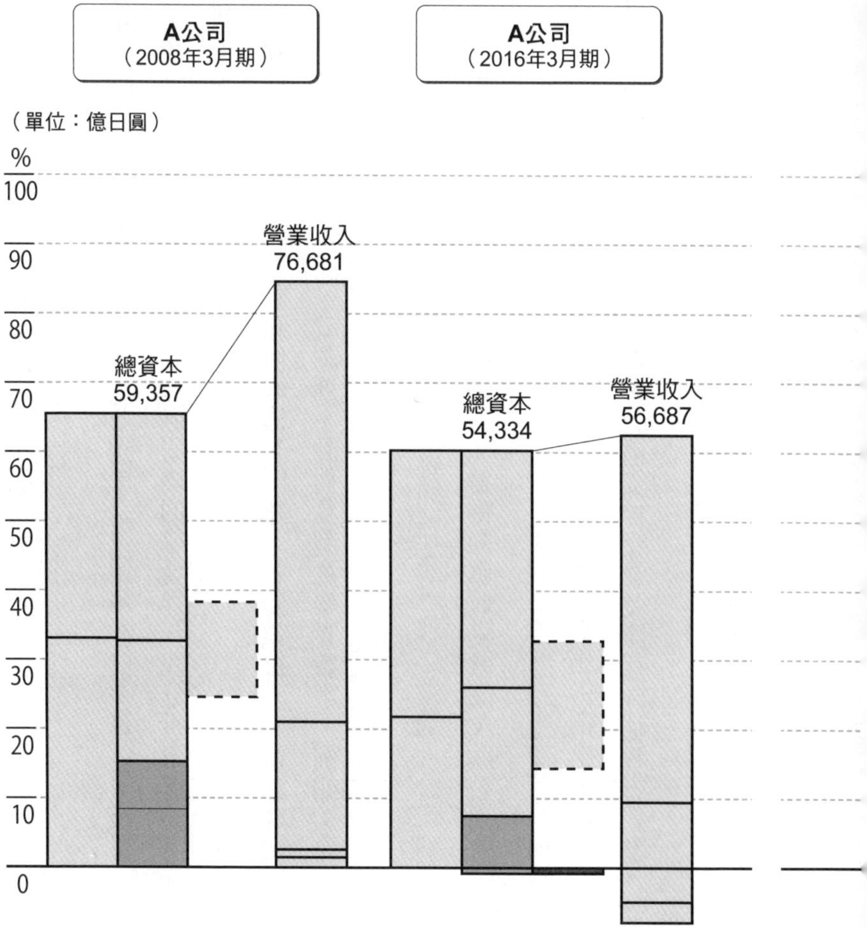

家是Panasonic，哪一家是東芝嗎？兩家公司的規模大同小異，八年來規模也都在縮小。

我曾在二〇一四年十二月到東芝的工會，幫相關人員上會計研修課程。之後，東芝的不實會計曝光，參加過研修的學員拜託我分析東芝的財務，但是我婉拒了。

想從財務報表看穿不實會計和假帳極為困難。若要執行不實會計或做假帳，必須在製作財務報表前，就認列、評估及刻意操弄數字，例如：虛設庫存和應收帳款以操縱利潤。

然而，若想知道庫存和應收帳款是否真的存在，就必須進入公司調查實際的庫存和文件。若要查明應收帳款，還得向應收帳款的欠款公司求證。

根據二〇一五年七月公開的東芝第三方委員會調查報告指出，東芝的不實會計是透過控制工程進度標準、有償支付交易及庫存評估等方式進行。以下簡單說明內容。

首先是操控工程進度標準的不實會計。在大型專案項目中，若沒在工程完成前認列獲利和費用，就無法反應出事業確切的實況。因此在認列獲利和費用時，要配合工程進度，但操控認列的時機，就得以控制獲利數字。

其次是有償支付交易。將製造電腦等工作外包時，下單公司有時會自行採購零件再賣給下游承包業者，業者加工後連同零件與加工費一齊向下單公司請款。

公司外部的承包商通常會承接其他公司的業務，為了不讓承包商知道零件價格，會將零件價格定得比實際購入金額高，零件費與加工費也皆不認列為營業收入。不過，若將決算期安插在有償發包和交貨期之間，情況就可能改變。

虛設庫存則是典型的做假帳手法。假如庫存幾乎無法賣掉，就該重新評估、認列為損失。但只要不這樣做，就可以防止利潤下滑。

東芝的高層以「挑戰」和「承諾」的標語，下達嚴格的利潤達成目標，員工為了虛應故事，就藉由上述操縱手法，讓東芝在二〇〇八年度到二〇一四年度之間，浮報總額超過一千五百億日圓的利潤。

為了修正不實會計，東芝將二〇一五年三月期的決算發表會延至二〇一五年九月七日，與此同時，二〇一五年三月期的本期淨利也跌落為三百七十八億日圓的赤字。

不過，當時有些專家指出，東芝子公司、美國核能發電大廠西屋電氣公司（Westinghouse），沒有進行商譽減損。雖然自東京電力的福島核能發電廠事故以來，核能產業的市場環境發生急遽變化。然而，東芝的核能事業採保守經營，重視安全、情況良好，沒有減損的徵兆。

實際上，東芝在二〇一六年三月期的決算上，包含核能事業在內，認列總額二千九百五十億日圓的「商譽減損損失」。另外，決算發表會上宣布除了減損損失之外，還有企業重組費用一千四百六十一億日圓，以及存貨評估減少一千四百一十四億日圓等，導致營業赤字來到過去最大的七千零八十七億日圓。

假如能就此了結也就算了，但若預估將來的利潤會下降，就必須提列遞延所得稅資產。實際上，二〇一六年三月期的決算發表會上，東芝也匯報要提列三千億日圓的遞延所得稅資產。層層堆疊的債務，使東芝面臨無力償付的危機。導致東芝必須在二〇一六年三月底以前，出售東芝醫療系統這個具有前景的事業，可真是屋漏偏逢連夜雨。

此外，關於出售東芝醫療系統一事，東芝二〇一六年三月期的決算概況當中，在投資活動現金流量的「其他」項目上，認列了六千三百五十二億日圓。損益表則以「停業單位本期淨利」的名義，認列三千七百零九億日圓（根據二〇一六年三月期的決算發表會指出，東芝醫療系統的出售利得本身為三千七百五十二億日圓）。

營業利益雖為七千零八十七億日圓的赤字，最後的本期淨利則以四千六百億日圓的赤字作收。

重申一次，想從財務報表看穿假帳極為困難。從財務報表解讀出的東西有限，但若以這個前提來檢視財務報表，反而會有許多意想不到的發現。

現在公布解答，圖表3-21的A公司是東芝，B公司是Panasonic。另外，東芝的不實會計修正後，二〇〇八年三月期的營業收入調整為七兆二千零八十八億日圓。

4 財報顯示不賺錢，為何股價漲1000倍？原來關鍵在業績！

◆案例：亞馬遜推出五花八門新服務，創造直線上升的營收

前文談論的話題有點晦暗，接下來討論成長顯著的亞馬遜。圖表3-22是比較二〇〇七年十二月期和二〇一五年十二月期的資料。

亞馬遜的營業收入在這八年間成長約七倍。二〇〇七年十二月期的保留盈餘還是負數。二〇〇九年時，日本出版業人士異口同聲表示，亞馬遜的營收與日本中型書店的營收差不多、不足為懼。然而，現在亞馬遜的營收超越紀伊國屋書店所有店面的營收，成為日本營收第一的書店。

亞馬遜不只營業收入成長，還宣稱是「地球上最重視顧客的企業」，所以開創出五花八門的新服務。

現在只要使用亞馬遜的電子書服務，自己寫的書就可以在全世界販賣，誠然是劃時代的發展。而且亞馬遜還建立一套機制，將全世界販賣的書籍版稅換算成日圓，自動轉帳到我的日本銀行戶頭，身為作者的我感受到世界真的改變了。

亞馬遜不只在價格戰中耕耘，還讓顧客能在網站中搜尋及發現商品，令業界聞風喪膽。如前文所言，亞馬遜的書籍營收已是日本第一。而且，對於其他零售業來說，最具威脅性的就是亞馬遜。物流業人士也害怕亞馬遜有一天會親自進軍物流市場。再從雲端領域來看，亞馬遜持有世界大型雲端系統之一，實在令人心驚膽跳。

亞馬遜讓人感到恐懼的不只如此。請看圖表3-23，亞馬遜的營收竟然呈直線成長。儘管許多中小企業和創投企業的財報也會如此呈現，但亞馬遜的營業收入卻有大約十兆日圓。基本上，沒有一家公司以這種規模直線成長。

股東權益報酬率	4.5%
財務槓桿	4.89
總資本周轉率	1.64
本期淨利率	0.6%

亞馬遜
（2015年12月期）

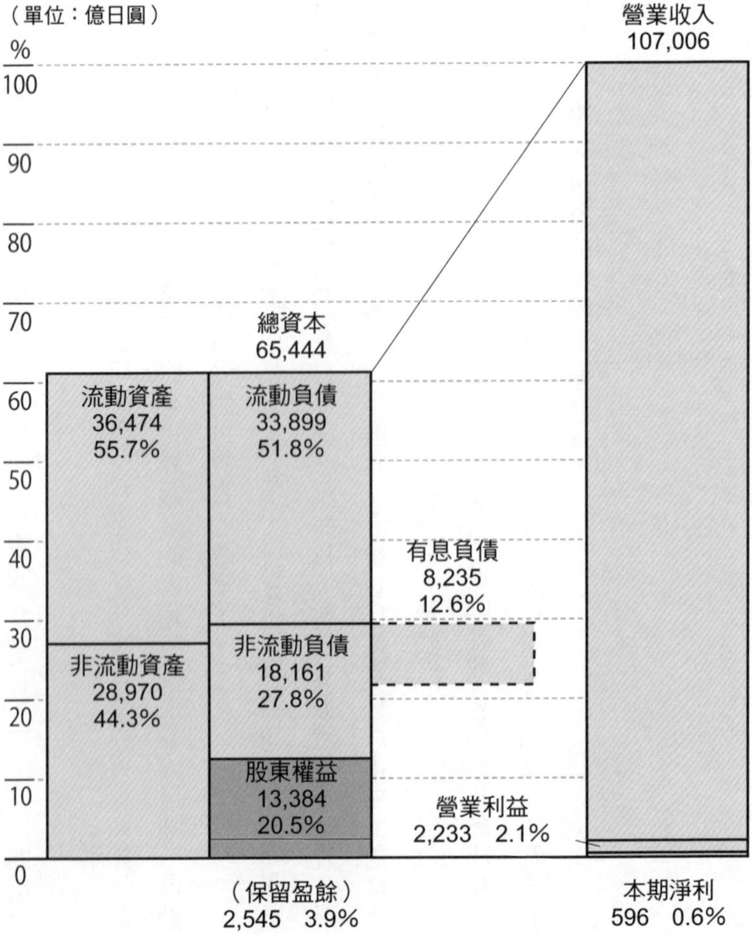

（單位：億日圓）
%
100
90
80
70
60
50
40
30
20
10
0
總資本
65,444
流動資產
36,474
55.7%
非流動資產
28,970
44.3%
流動負債
33,899
51.8%
非流動負債
18,161
27.8%
股東權益
13,384
20.5%
（保留盈餘）
2,545 3.9%
有息負債
8,235
12.6%
營業利益
2,233 2.1%
營業收入
107,006
本期淨利
596 0.6%

圖表 3-22 亞馬遜（2007 / 12 V.S. 2015 / 12）

股東權益報酬率	39.8%
財務槓桿	5.42
總資本周轉率	2.29
本期淨利率	3.2%

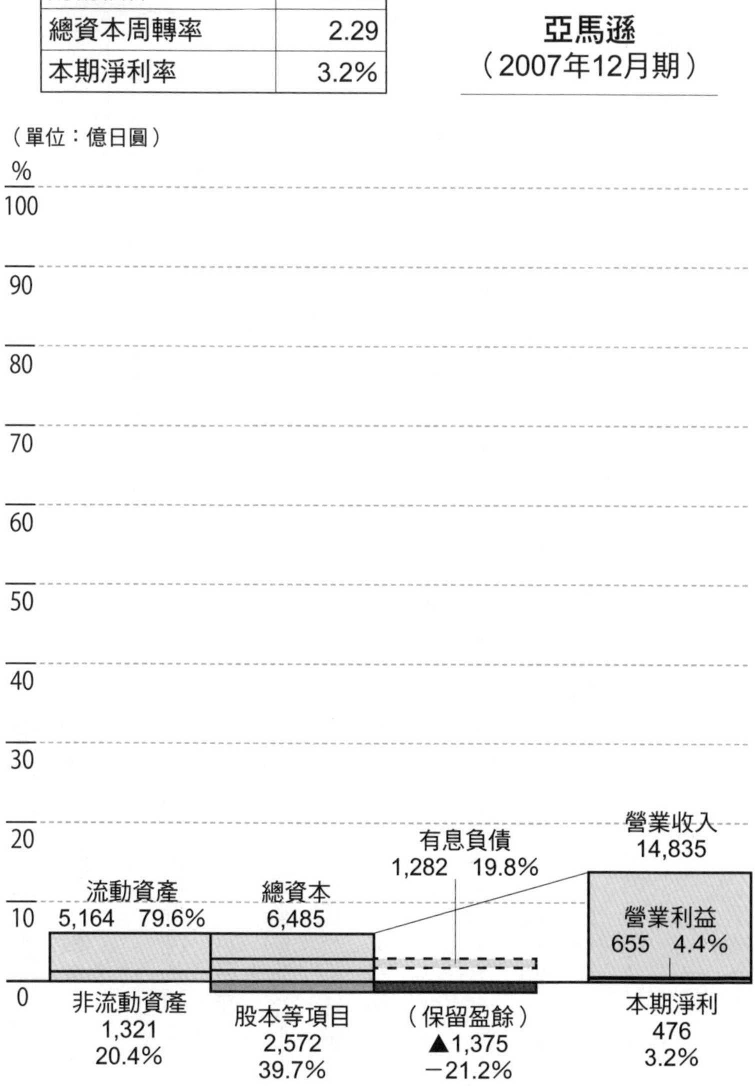

亞馬遜
（2007年12月期）
（單位：億日圓）
%
100
90
80
70
60
50
40
30
20
10
0
流動資產
5,164 79.6%
總資本
6,485
有息負債
1,282 19.8%
營業收入
14,835
營業利益
655 4.4%
非流動資產
1,321
20.4%
股本等項目
2,572
39.7%
（保留盈餘）
▲1,375
−21.2%
本期淨利
476
3.2%

圖表 3-23　亞馬遜營業收入和本期淨利率的演變

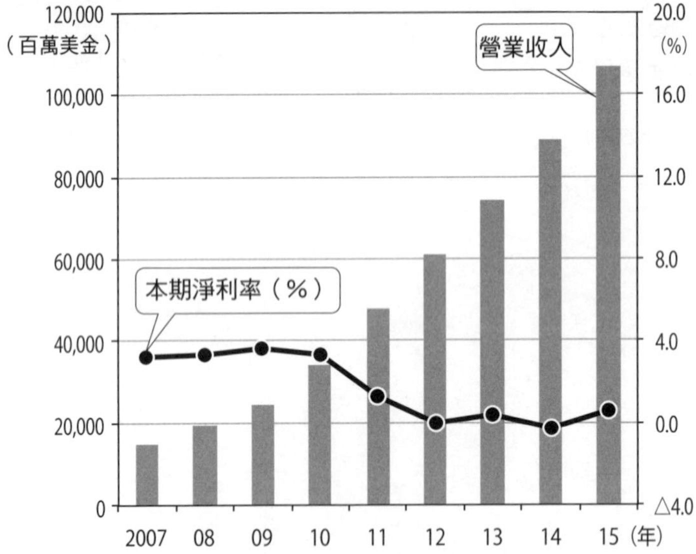

◆為什麼有10兆的營業收入，卻幾乎無利可圖？

另外，圖表3-23中值得注意的地方是本期淨利率的變化。近四年的本期淨利勉強保持在微妙的赤字狀態，也就是說，亞馬遜縱然有十兆日圓的營業收入，卻幾乎無利可圖。

這個現象有兩大原因。第一是網路零售不見得會獲得高利潤。擁有店面的零售業，非流動資產比網路零售大，折舊費用也會增多，商品由顧客自己帶回家。

反觀網路零售則必須擁有大規

模訂單管理系統和巨大的倉庫，必須將商品一件件送到顧客手上。這一連串的費用在業界稱為訂單履行（Fulfillment），是網路零售不能輕忽的成本。

然而，無獲利的最大原因在於，亞馬遜本身不打算創造更多利潤。亞馬遜的使命是成為「地球上最重視顧客的企業」，因此想提供顧客低價商品。說得更明確，它重視長期策略勝於短期利益。之所以這麼斷言，是因為它追求長期發展的現金運用方法。其實，亞馬遜的現金運用法與日本傳統優良企業類似。

請看圖表3-24的亞馬遜、豐田、IBM和蘋果的現金流量表演變。假如以一美金兌換一百日圓換算，百萬美金就是一億日圓，表中的數字可看成以億日圓為單位。

請看亞馬遜的現金流量表演變。除了二〇一五年之外，賺來的營業活動現金流量大多轉移到投資活動現金流量，且幾乎始終如一。

這種運用現金的方法與豐田一樣，也就是日本傳統優良製造業典型的模式。製造業要是沒有時常引進最新設備，就會喪失競爭優勢。然而，若花在投資活動現金流量的錢，多於營業活動現金流量，代表籌資現金流量增加、借款變多，導致財務體質惡化。

或許有人會覺得這種事天經地義，無論什麼公司都會這樣運用現金。接下來請看IBM的現金流量表演變。IBM的現金流量表模式一向都是（＋、－、－）。從五年總計來看，賺到的營業活動現金流量約有三成會轉移到投資活動現金流量，約有六成會轉移到籌資活動現金流量。

籌資活動現金流量有大半會支付股利和取得庫藏股。以歐美的邏輯來說，公司為股東所有，經營者管理公司時以股東為依歸。ＩＢＭ的現金流量模式就是典型的歐美式現金運用法。

雖然亞馬遜也是歐美的公司，卻不重視短期利潤和股東一時的報酬，而是更想藉由長期策略實現偉大的願景。無論是顧客至上主義、不斷持續創新，還是長期策略，亞馬遜確實是一家令人害怕的公司。

接著請回到圖表3-24的蘋果現金流量表演變。從大致的結構看來，或許有人覺得蘋果也將賺來的營業活動現金流量，幾乎轉移到投資活動現金流量上。不過蘋果的投資活動現金流量中，有相當大的部分是取得市場性有價證券的支出。將現金拿來投資設備，還是取得有價證券，兩者的用意並不同。

如前文所言，蘋果以每年一兆日圓的規模投資設備，但營業活動現金流量太過豐厚，所以先買股票，等待接下來的發展。

圖表 3-24　3 家公司的現金流量表演變

亞馬遜

（單位：百萬美金）

決算年	2011年	2012年	2013年	2014年	2015年	5年總計
營業活動	3,903	4,180	5,475	6,842	11,920	32,320
投資活動	△1,930	△3,595	△4,276	△5,065	△6,450	△21,316
籌資活動	△482	2,259	△539	4,432	△3,763	1,907

豐田

（單位：億日圓）

決算年	2012年	2013年	2014年	2015年	2016年	5年總計
營業活動	14,524	24,513	36,460	36,858	44,609	156,964
投資活動	△14,427	△30,273	△43,362	△38,135	△31,825	△158,022
籌資活動	△3,553	4,772	9,195	3,060	△4,236	9,238

IBM

（單位：百萬美金）

決算年	2011年	2012年	2013年	2014年	2015年	5年總計
營業活動	19,846	19,586	17,485	16,868	17,008	90,793
投資活動	△4,396	△9,004	△7,326	△3,001	△8,159	△31,886
籌資活動	△13,696	△11,976	△9,883	△15,452	△9,166	△60,173

蘋果

（單位：百萬美金）

決算年	2011年	2012年	2013年	2014年	2015年	5年總計
營業活動	37,529	50,856	53,666	59,713	81,266	283,030
投資活動	△40,419	△48,227	△33,774	△22,579	△56,274	△201,273
籌資活動	1,444	△1,698	△16,379	△37,549	△17,716	△71,898

NOTE

NOTE

第 4 章

優質股的財報有這些差異與特點！

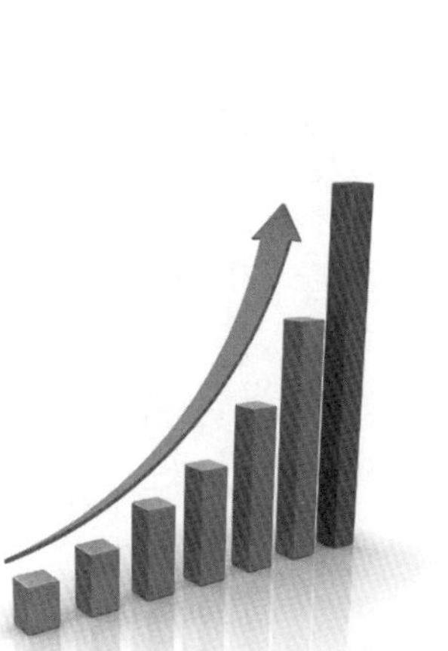

案例

怎麼評斷企業是否優質？

相信各位看完前文大量的實例後，已充分了解財務分析的觀念和具體方法。接下來，將不再分析細節，僅大致說明各個財報的特徵與重點。以下蒐羅饒富趣味的實例，包括超優質企業的損益表和資產負債表有什麼特徵；穩健經營型和積極投資型企業有什麼差異；知識型社會（Knowledge Society）中的企業損益表和資產負債表有何特徵，以及日本頂尖企業和世界頂尖企業有何差異等。請輕鬆愉快地看下去。

我們看一下日本的超優質企業迅銷（FAST RETAILING，以下稱為優衣庫）和宜得利。財務分析指標可分為三種：獲利性、安全性和成長性，透過圖解能快速加以掌握。

圖表4-1是比較優衣庫五年前後的變化，圖表4-2則是宜得利五年前後的變化。優衣庫和宜得利都以優異的報酬率著稱。最近兩家公司的股東權益報酬率都在一四%左右。

優衣庫的非流動資產小，宜得利的非流動資產大，是因為優衣庫沒有自己的製造工廠，得委外生產商品，而宜得利則擁有自己的製造工廠。

這兩家公司都累計了龐大的保留盈餘、幾乎沒有借款。從前文圖表2-2的說明可知，流動比率、固定長期適合率和自有資本比率是以三條線表示。優衣庫和宜得利的三條線位置很好、經營安全性非常高。

以營業收入規模來說，優衣庫五年內大約成長兩倍，宜得利則大約成長一・五倍。兩家公司的獲利性、安全性和成長性幾乎都無可挑剔。

優衣庫的財務報表從二〇一四年八月期起變更為適用國際會計準則（IFRS）。二〇一四年八月期，以國際會計準則計算的營業收入為一兆三千八百二十九億三千五百萬日圓，以日本準則計算的營業收入則是一兆三千八百二十九億零七百萬日圓。

我們的專職不是製作財務報表，只需學會閱讀財務報表即可，因此國際會計準則或日本會計準則對我們來說差別不大。國際會計準則、美國會計準則和日本會計準則的差異，在於該如何處理商譽。

股東權益報酬率	14.2%
財務槓桿	1.50
總資本周轉率	1.45
本期淨利率	6.5%

優衣庫
（2015年8月期）

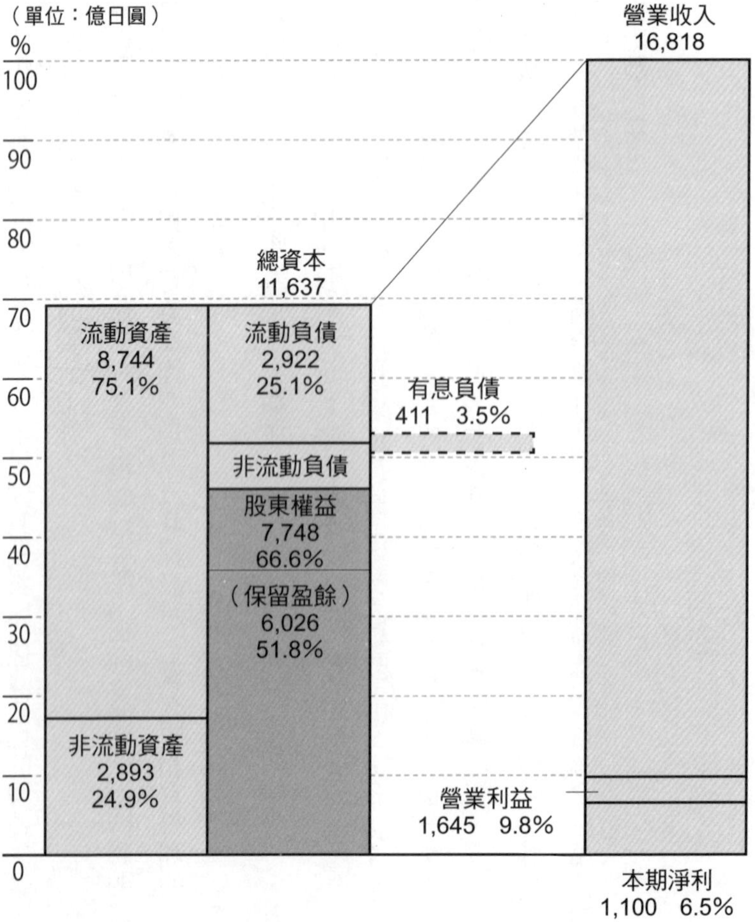

（單位：億日圓）
%
100
90
80
70
60
50
40
30
20
10
0
總資本
11,637
流動資產
8,744
75.1%
非流動資產
2,893
24.9%
流動負債
2,922
25.1%
非流動負債
股東權益
7,748
66.6%
（保留盈餘）
6,026
51.8%
有息負債
411 3.5%
營業收入
16,818
營業利益
1,645 9.8%
本期淨利
1,100 6.5%

圖表 4-1 優衣庫（2010 / 8 V.S. 2015 / 8）

股東權益報酬率	21.4%
財務槓桿	1.76
總資本周轉率	1.61
本期淨利率	7.6%

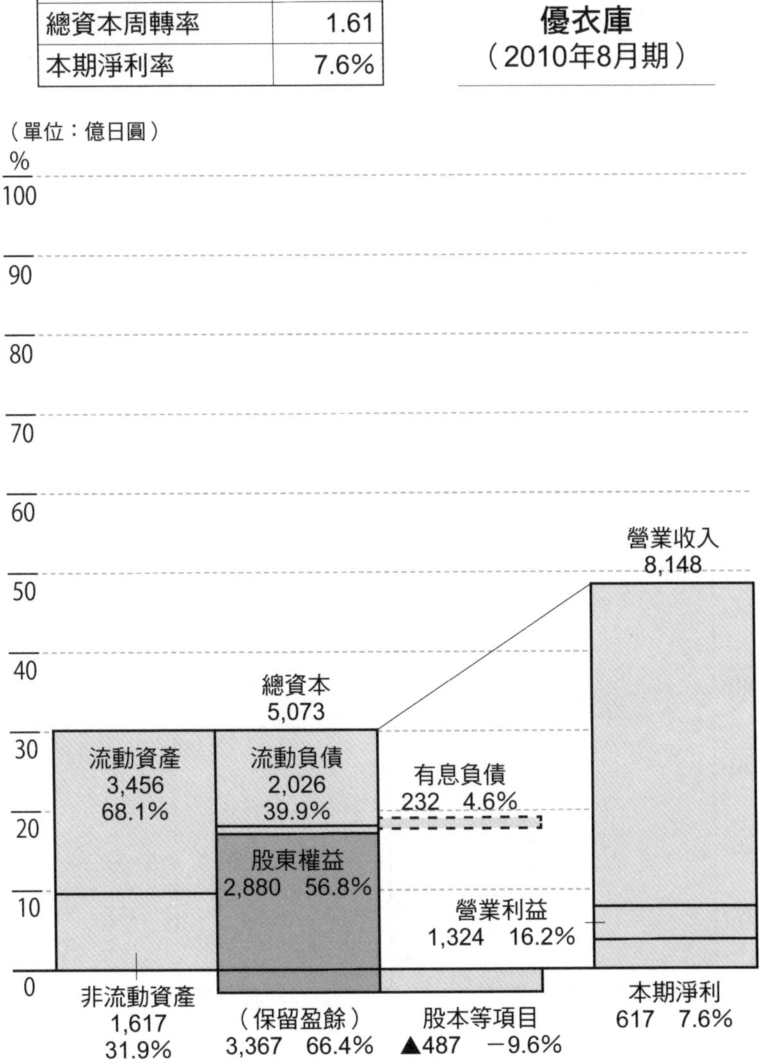

優衣庫
（2010年8月期）
（單位：億日圓）
%
100
90
80
70
60
50
40
30
20
10
0
總資本
5,073
流動資產
3,456
68.1%
非流動資產
1,617
31.9%
流動負債
2,026
39.9%
股東權益
2,880 56.8%
（保留盈餘）
3,367 66.4%
有息負債
232 4.6%
股本等項目
▲487 −9.6%
營業收入
8,148
營業利益
1,324 16.2%
本期淨利
617 7.6%

股東權益報酬率	14.2%
財務槓桿	1.25
總資本周轉率	1.10
本期淨利率	10.3%

宜得利
（2016年2月期）

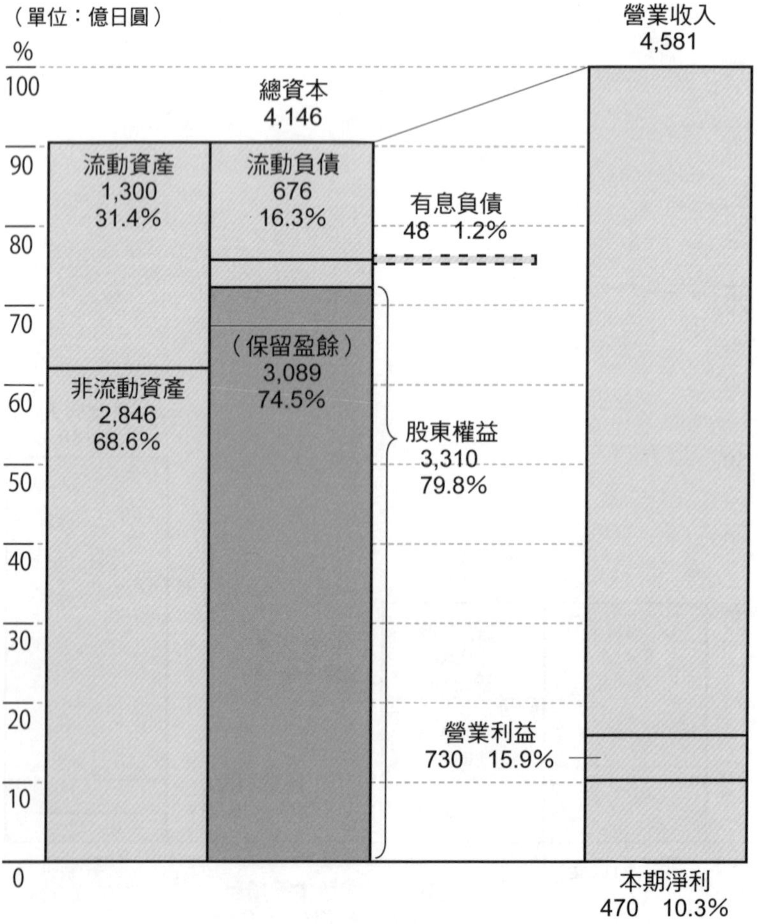
（單位：億日圓）
%
100
90
80
70
60
50
40
30
20
10
0
總資本
4,146
流動資產
1,300
31.4%
非流動資產
2,846
68.6%
流動負債
676
16.3%
有息負債
48　1.2%
（保留盈餘）
3,089
74.5%
股東權益
3,310
79.8%
營業收入
4,581
營業利益
730　15.9%
本期淨利
470　10.3%

圖表 4-2 宜得利（2011 / 2 V.S. 2016 / 2）

股東權益報酬率	21.1%
財務槓桿	1.69
總資本周轉率	1.28
本期淨利率	9.8%

宜得利
（2011年2月期）

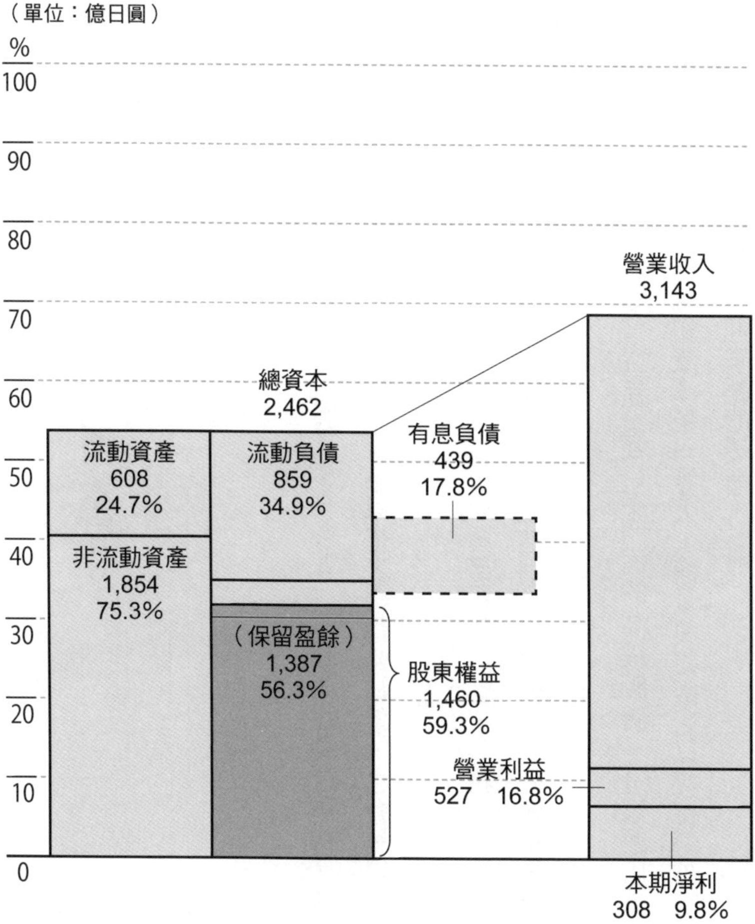

（單位：億日圓）
%
100
90
80
70
60
50
40
30
20
10
0
總資本
2,462
流動資產
608
24.7%
非流動資產
1,854
75.3%
流動負債
859
34.9%
（保留盈餘）
1,387
56.3%
有息負債
439
17.8%
股東權益
1,460
59.3%
營業收入
3,143
營業利益
527 16.8%
本期淨利
308 9.8%

案例

穩健型與投資型企業有何差異？

第一章進行財務分析時，曾請各位先解讀經營績效。上一節舉例的優衣庫和宜得利就是經營績效優良的例子。另外也提到，財務報表不只代表經營的績效，也會呈現經營策略和經營者的決策。

接下來要介紹帝國飯店（Imperial Hotel）和皇宮飯店（Palace Hotel）。雖然這兩家公司都屬於飯店業，但損益表和資產負債表的樣貌卻天差地別。穩健經營的公司和果敢實施大型投資的公司，有著極大的差距。

帝國飯店矗立在東京日比谷公園前方，是代表日本門面的高級飯店。這家飯店創立於一八九〇年，當時的外務大臣井上馨和澀澤榮一等人，商量興建飯店以接待海外賓客，於是設立正規的西洋飯店，肩負日本迎賓館的使命。

皇宮飯店則於一九六一年開幕，位於皇居附近。二〇〇九年因改建而暫停開放，並於二〇一二年以「東京皇宮飯店」的名稱重新裝潢開幕。二〇一六年，皇宮飯店在富比士旅遊指南（Forbes Travel Guide）當中，首次以日系飯店之姿，榮獲五顆星評價。

接著請看下頁的圖表4-3，帝國飯店和皇宮飯店的財務報表中，藏有各自的歷史。帝國飯店累計巨額的保留盈餘、完全沒有借款，以極高的安全性經營企業。

反觀皇宮飯店，則可看出幾乎是透過借款籌資建設飯店的費用。光是這些借款，一年就必須支付約十四億日圓的利息，不過本期淨利率則超過帝國飯店。想必是以最新設備作為賣點，經營出高額的報酬率。

另外，觀察兩家飯店的部門別財務資訊之後，會發現雙方除了飯店事業之外，還經營不動產租賃事業。帝國飯店的營業利益約有三成來自不動產租賃事業，但值得注意的是皇宮飯店的情況。

圖表4-4（請見219頁）是皇宮飯店的部門別財務資訊，請看實線圈起來的地方。約四十九億日圓的營業利益中，大概有一半來自不動產租賃事業。下面虛線圈起來的地方，記載著飯店事業與不動產租賃事業的資產分配。飯店事業的資產約佔六成，不動產租賃事業約佔四成。檢視皇宮飯店的財務資料會發現，這家公司一半經營飯店事業，另

股東權益報酬率	36.6%
財務槓桿	10.05
總資本周轉率	0.31
本期淨利率	11.7%

皇宮飯店
（2015年12月期）

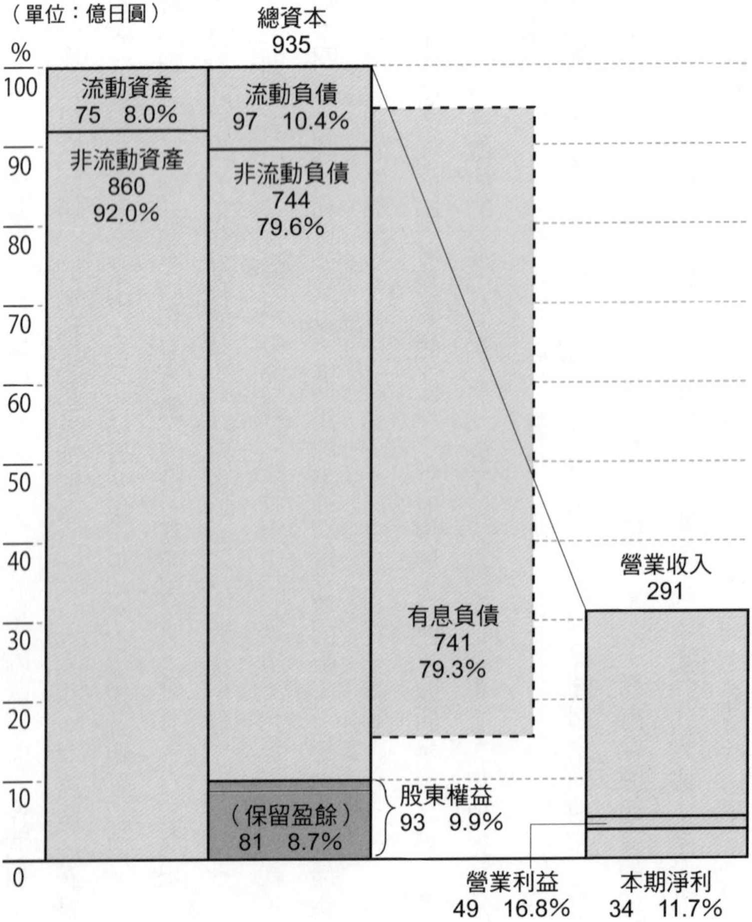

（單位：億日圓）
%
100
90
80
70
60
50
40
30
20
10
0
總資本
935
流動資產
75 8.0%
非流動資產
860
92.0%
流動負債
97 10.4%
非流動負債
744
79.6%
（保留盈餘）
81 8.7%
股東權益
93 9.9%
有息負債
741
79.3%
營業收入
291
營業利益
49 16.8%
本期淨利
34 11.7%

圖表 4-3 帝國飯店（2016 / 3）V.S. 皇宮飯店（2015 / 12）

股東權益報酬率	6.3%
財務槓桿	1.45
總資本周轉率	0.76
本期淨利率	5.7%

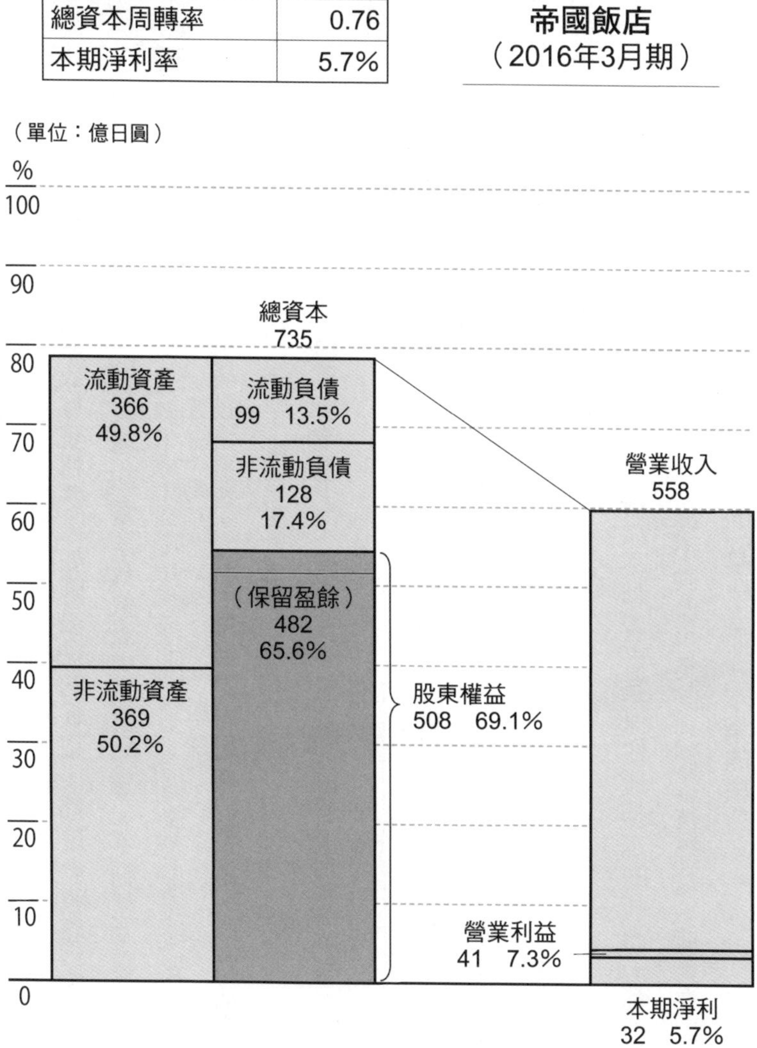

帝國飯店
（2016年3月期）
（單位：億日圓）
%
100
90
80
70
60
50
40
30
20
10
0
總資本
735
流動資產
366
49.8%
非流動資產
369
50.2%
流動負債
99 13.5%
非流動負債
128
17.4%
（保留盈餘）
482
65.6%
股東權益
508 69.1%
營業收入
558
營業利益
41 7.3%
本期淨利
32 5.7%

一半則經營不動產租賃事業。

皇宮飯店的損益表和資產負債表樣貌特殊，如圖表3-3的軟銀，都屬於積極投資型公司。此外，這個圖形在不動產業的損益表和資產負債表中也很特殊。不動產業需要活用土地和建築等龐大的資產賺取租金，所以會形成資產負債表大、損益表小的樣貌。

皇宮飯店不僅在飯店事業上積極投資最新設備、推展高報酬率的生意，同時活用丸之內在東京都心的地利，經營穩定的不動產租賃事業。

不過，雖說丸之內的不動產租賃事業穩定，要負擔的借款卻遠超過年營業收入的兩倍，風險相當大。

然而，從現金流量表可看出，皇宮飯店一年賺取約七十億日圓的營業活動現金流量，其中「償還長期借款」、「償還分期帳款」和「償還租賃債務」相加後，一年要償還約五十五億日圓的借款，借款總額則高達七百四十一億日圓。這讓人好奇，今後十年損益表和資產負債表將如何變化。

許多歷史悠久且擁有雄厚資產的公司，會靠不動產事業保住最基本的利潤。其中也有公司的本業在時代變化中跌為赤字，只能靠不動產事業的利潤維持經營。能否在同個業界中創造利潤，有時取決於是否保有大量的資產，而非本業的績效。

圖表 4-4　皇宮飯店部門別財務資訊（2015 / 12）

2015年12月期（2015年1月1日至2015年12月31日）

（單位：百萬日圓）

	報告部門			調整數（注）1	合併財務報表認列數（注）2
	飯店事業	不動產租賃事業	合計		
營業收入					
外部顧客的營業收入	23,180	5,945	29,125	—	29,125
內部營業收入及重分類餘額	—	540	540	△540	0
合計	23,180	6,485	29,665	△540	29,125
部門利潤	2,632	2,734	5,367	△512	4,854
部門資產	52,211	38,572	90,783	2,657	93,441
其他項目					
折舊費用	2,283	1,189	3,473	3	3,476
固定資產及無形資產的增加額	164	7	171	0	171

案例

知識型產業的財報有什麼特點？

之前日本職棒的橫濱灣星隊，現在改名為橫濱DeNA灣星隊。DeNA究竟是什麼樣的公司，真想一探究竟。

根據DeNA的官網，該公司從一九九九年開始經營拍賣網站，之後以手機遊戲為主軸，藉由社群網路服務（SNS）逐步成長。

圖表4-5為比較DeNA二〇一三年三月期和二〇一六年三月期的資料。選擇二〇一三年三月期為比較對象，是因為這是DeNA有史以來營業收入最高的一年，毛利率為七二%，營業利益率約為三八%。

軟體產業幾乎不需要工廠及其他非流動資產，單憑知識決勝負。原物料費及其他相關成本也大多為零，經營順利的話可望獲得高報酬率。

二〇一三年三月期的資產負債表往下凸出一塊，原因在於取得庫藏股，而保留盈餘則累計為一千二百七十九億日圓。再進一步分析財務報表的股東權益部分後可得知，股本和資本儲備加起來約有二百億日圓，取得庫藏股則花費約三百五十億日圓。

請看二〇一六年三月期的圖表，資產負債表變大，也累計了保留盈餘，但是營業收入掉了三成左右，報酬率也急遽下跌。資產負債表中的流動資產一千一百九十八億日圓，約有七百五十億日圓的「現金及約當現金」。

另外，非流動資產一千三百五十億日圓中，約有五百億日圓為「商譽」、約一百七十億日圓為「無形資產」、約一百億日圓為「採權益法投資之會計處理」、約五百億日圓為「其他長期金融資產」。雖然軟體公司的資產分布如此呈現是理所當然，不過DeNA的資產幾乎都是現金、有價證券，以及無形的商譽。

「現金及約當現金」和「其他長期金融資產」相加後，約有一千二百五十億日圓。先前透過遊戲賺來的錢，就以現金和有價證券的形式累計。

我們再看看以手機社群遊戲「釣魚之星（Fishing Star）」聲名鵲起的GREE，它也是智慧型手機遊戲業界中當紅的公司。圖表4-6是比較GREE二〇一二年六月期和二〇一六年六月期的資料。將二〇一二年六月期選為比較對象，是因為二〇一二年六月期

股東權益報酬率	5.8%
財務槓桿	1.30
總資本周轉率	0.56
本期淨利率	7.9%

DeNA
（2016年3月期）

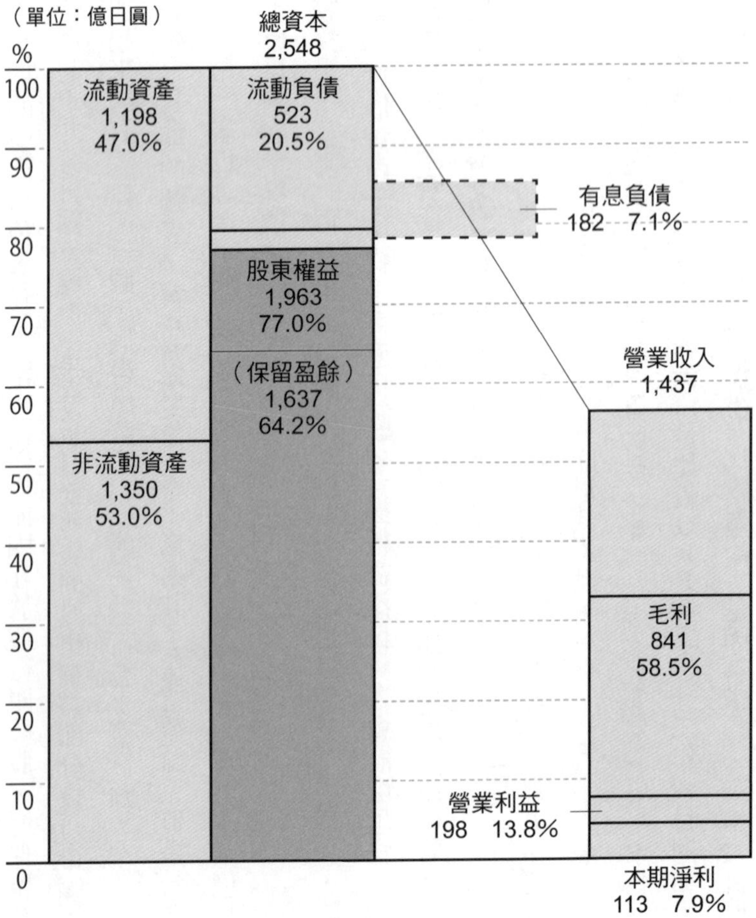

（單位：億日圓）
%
100
90
80
70
60
50
40
30
20
10
0
總資本
2,548
流動資產
1,198
47.0%
非流動資產
1,350
53.0%
流動負債
523
20.5%
有息負債
182 7.1%
股東權益
1,963
77.0%
（保留盈餘）
1,637
64.2%
營業收入
1,437
毛利
841
58.5%
營業利益
198 13.8%
本期淨利
113 7.9%

圖表 4-5 DeNA（2013 / 3 V.S. 2016 / 3）

股東權益報酬率	36.9%
財務槓桿	1.57
總資本周轉率	1.04
本期淨利率	22.5%

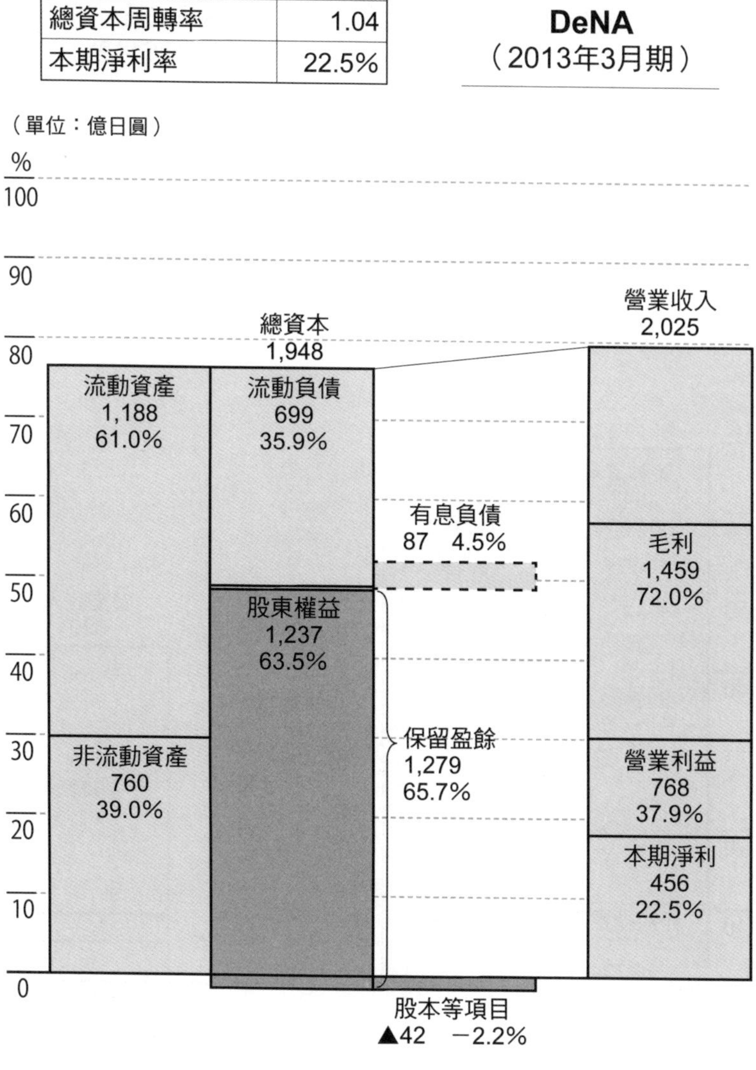

DeNA
（2013年3月期）
（單位：億日圓）
%
100
90
80
70
60
50
40
30
20
10
0
總資本
1,948
流動資產
1,188
61.0%
非流動資產
760
39.0%
流動負債
699
35.9%
有息負債
87 4.5%
股東權益
1,237
63.5%
保留盈餘
1,279
65.7%
股本等項目
▲42 −2.2%
營業收入
2,025
毛利
1,459
72.0%
營業利益
768
37.9%
本期淨利
456
22.5%

股東權益報酬率	8.2%
財務槓桿	1.10
總資本周轉率	0.62
本期淨利率	12.0%

GREE
（2016年6月期）

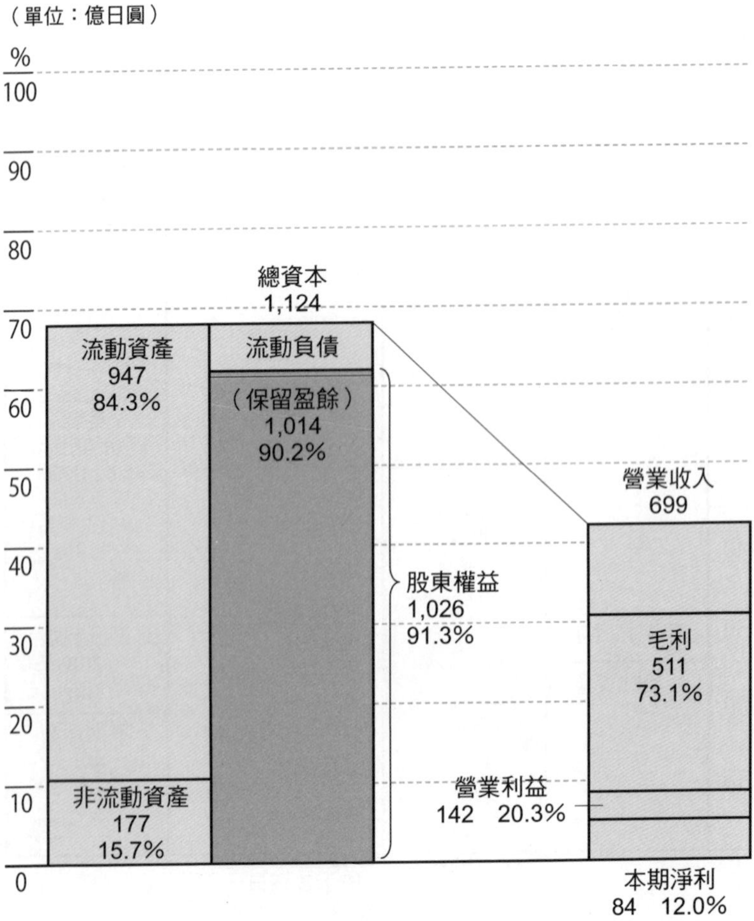
（單位：億日圓）
%
100
90
80
70
60
50
40
30
20
10
0
總資本
1,124
流動資產
947
84.3%
非流動資產
177
15.7%
流動負債
（保留盈餘）
1,014
90.2%
股東權益
1,026
91.3%
營業收入
699
毛利
511
73.1%
營業利益
142 20.3%
本期淨利
84 12.0%

圖表 4-6 GREE（2012 / 6 V.S. 2016 / 6）

股東權益報酬率	57.1%
財務槓桿	1.97
總資本周轉率	0.96
本期淨利率	30.3%

GREE
（2012年6月期）

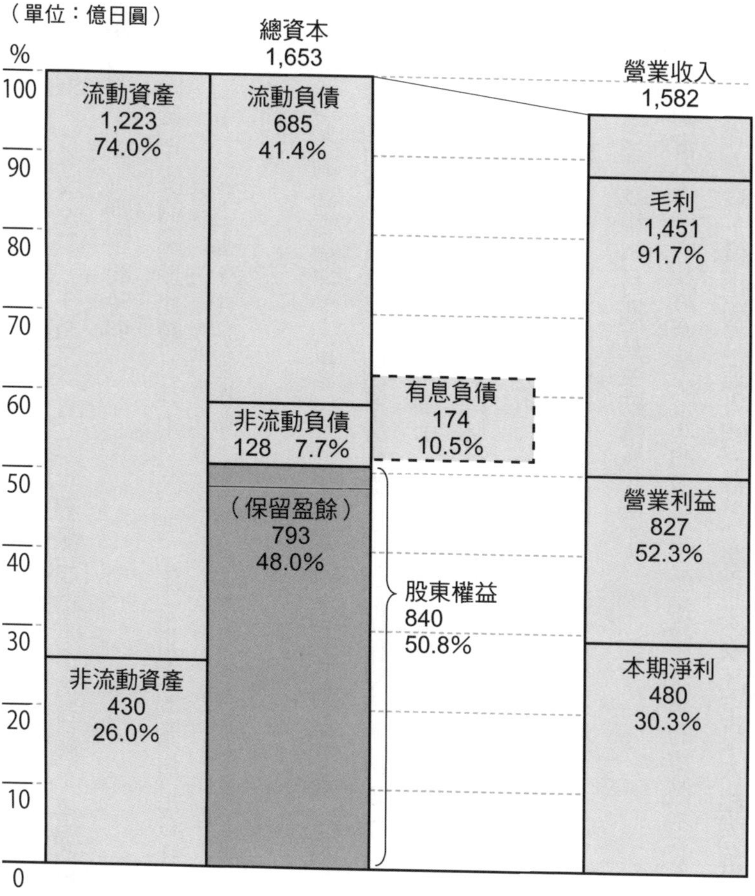
（單位：億日圓）
%
100
90
80
70
60
50
40
30
20
10
0
總資本
1,653
流動資產
1,223
74.0%
非流動資產
430
26.0%
流動負債
685
41.4%
非流動負債
128 7.7%
（保留盈餘）
793
48.0%
有息負債
174
10.5%
股東權益
840
50.8%
營業收入
1,582
毛利
1,451
91.7%
營業利益
827
52.3%
本期淨利
480
30.3%

是GREE有史以來營收最高的一年。

GREE股票的時價，從二〇一一年到二〇一二年總額超過六千億日圓，是網路公司號稱日本時價總額最高、蔚為話題的時期。

圖表4-6是GREE兩個年度的圖形比較，其中二〇一二年六月期的圖形是GREE巔峰時期，毛利率竟然有九一・七%，由於遊戲軟體和釣魚遊戲中的道具皆以虛擬形式販賣，營業收入幾乎等於利潤。

營業利益率超過五〇%的商業模式，以一般的事業來說，實在無法想像，但反觀二〇一六年六月期的損益表和資產負債表，則變得相當小，報酬率也大幅降低。

資產負債表的流動資產九百四十七億日圓中，約有八百億日圓為「現金及約當現金」，而非流動資產一百七十七億日圓中，約有一百二十億日圓為長期有價證券。GREE和DeNA都將遊戲賺來的錢，以現金和有價證券的形式持有。

圖表4-7是GREE營業收入和本期淨利的演變，從中可以看出營業收入直線下跌，本期淨利也大幅下滑，二〇一五年六月期甚至跌落為赤字。

DeNA和GREE如實呈現出知識產業的光明與黑暗。這個行業的特徵是較容易進入市場，經營順利就能賺大錢，但正因為進入門檻低，興衰成敗註定是大起大落。由

圖表 4-7　GREE 營業收入與本期淨利的演變

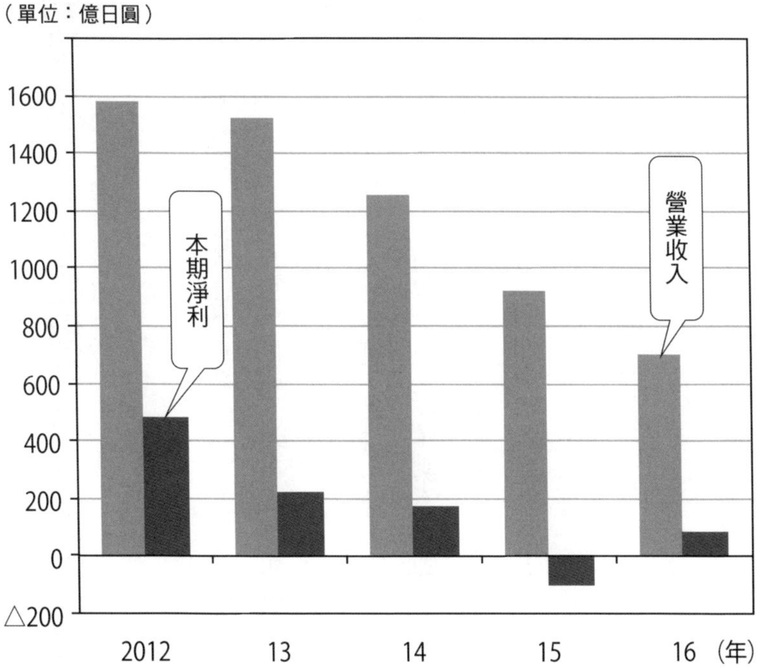

此可看出，這個時代的資本和資產，逐漸不如過去具有那麼重大的意義。

Column 4
在知識型社會，生財的不是資本而是智慧

杜拉克曾說過，資本主義社會之後，知識型社會即將來臨。以往的社會，資本掌握產生利潤重要的關鍵，沒有大型工廠就無法高效生產。因為需要莫大的資本，因此有進入市場的門檻。

如同DeNA和GREE案例，知識型社會的資本不具重大意義，有意義的是人類的智慧，有智慧的人才能賺到大量利潤。

過去，競爭為等差級數，擁有兩倍體力的人就能做兩倍的工作、獲得兩倍的產出。然而，在現今的知識型社會，競爭為等比級數，擁有智慧與沒有智慧的人，產出會有十倍、一百倍、一千倍的差距。

因此，知識型社會的特徵是競爭嚴苛、動盪激烈、貧富差距極端擴大。杜拉克曾說，壓力繁多的社會於焉成形，人類的世界應該要朝向與競爭無緣、參與地區活動和志工服務的形式靠攏。

閱讀財務報表可以得知企業資訊，也是資本主義社會的工具之一。股本之所以不能輕易減資或分紅，在於透過資本的價值保護股東和債權人。

然而，知識型社會的商業活動中，資本具有的意義並不大，現在的財務報表不再有重要價值。現今，價值來自於人類的智慧，擁有智慧的人能自由轉職到其他公司。在知識型社會中，即使以高價收購公司，若沒有擁有智慧的關鍵人物，資產再多也會喪失公司應有的價值。

網路為商務範疇帶來很大的衝擊，而更大的衝擊是知識型社會的到來。今後，公司能否成功並非取決於如何籌集資金，而是如何吸引、留住、激勵具備智慧的人才。對這些人才來說，有意義的不僅是報酬多寡，還有工作樂趣與價值。由此看來，社會正在大幅變化。

只要閱讀《Google模式》（*How Google Works*）這本談論 Google 工作方式和經營管理的書，會發現 Google 在經營方面活用杜拉克管理學。由此可見，杜拉克在知識勞動者的經營管理方面也是先驅。

案例

透過8家公司、4張圖表，世界級企業的影響力一覽無遺

小時候，每當我聽到新聞報導日本製造業關廠、遷到國外，就覺得非常奇怪。拋下日本的員工到國外發展事業，究竟有什麼意義？

然而，從經營事業的觀點來說，公司的責任不只是確保工作人員的就業權，還必須對顧客及社會善盡責任。

地球逐漸變成一個大市場，現在的時代已經演變至只著眼於國內可能無法生存。舉例來說，就算馬自達在日本國內的生產比率高、日圓升值時製造再多的汽車，出口也無利可圖。提高國外生產比率，絕對是馬自達經營的重要課題之一。

在今後的時代，必須時常以世界的視野來衡量生意。接下來，我們要從這個觀點出發，比較日本企業和世界企業的規模大小。

規模大不一定是好事。不過，從生產面、研究開發投資面，或是廣告宣傳面來看，規模龐大有很多優點。接著，我將舉大量日本與世界頂尖的企業實例，讓各位感受一下日本與世界頂尖企業規模的差異。

圖表4-8是比較麒麟控股（Kirin Holdings，以下稱為麒麟）和安海斯－布希英博集團（Anheuser-Busch InBev）的資料。

在飲料業界，麒麟是日本的頂尖企業，而放眼世界，則有安海斯－布希英博集團。這家公司是由比利時公司英博（InBev）收購安海斯－布希（Anheuser-Busch）後建立而成。順帶一提，安海斯－布希以「百威」啤酒馳名遠近。

安海斯－布希英博的營業收入約為麒麟的兩倍，且在二〇一五年十一月曾宣布收購世界第二大啤酒生產商南非米勒（SABMiller）。若單純合計營業收入，預估約有七兆日圓的營收。

圖表4-9是比較武田藥品工業（以下稱武田藥品）和諾華（NOVARTIS）的資料。想必許多人聽過諾華這家公司，它是世界第一大醫藥品廠商。

除了武田藥品，總體來說，日本醫藥品廠商的保留盈餘非常多，不過諾華也累計了龐大的保留盈餘。

圖表 4-8 麒麟（2015 / 12）V.S. 安海斯——布希英博集團（2015 / 12）

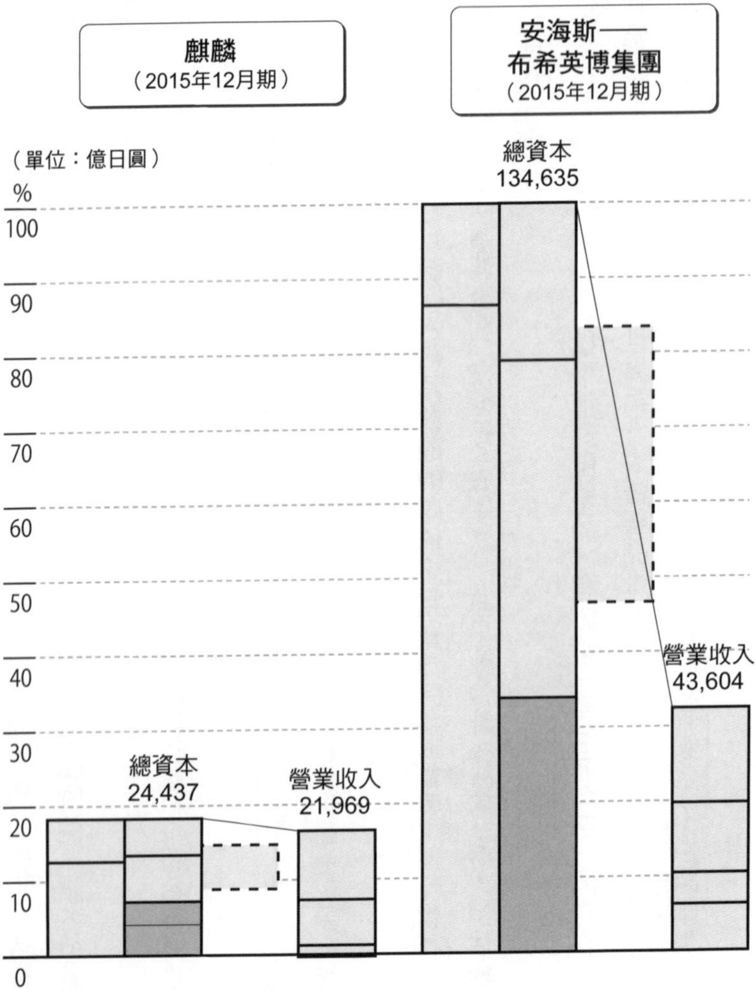
麒麟
（2015年12月期）
安海斯——
布希英博集團
（2015年12月期）
（單位：億日圓）
%
100
90
80
70
60
50
40
30
20
10
0
總資本
24,437
營業收入
21,969
總資本
134,635
營業收入
43,604

圖表 4-9 武田藥品（2016 / 3）V.S. 諾華（2015 / 12）

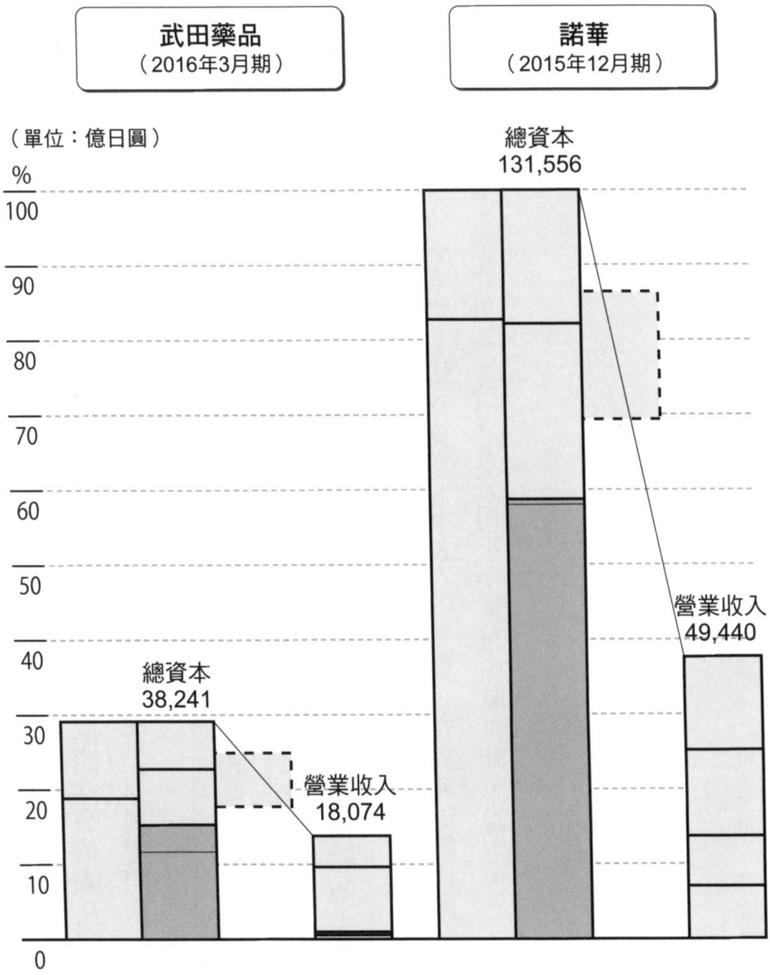
武田藥品
（2016年3月期）
諾華
（2015年12月期）
（單位：億日圓）
%
100
90
80
70
60
50
40
30
20
10
0
總資本
38,241
營業收入
18,074
總資本
131,556
營業收入
49,440

之前，我曾繪製武田藥品二〇〇九年三月期的損益表和資產負債表，當時這家公司幾乎沒有借款。幾年後，武田藥品將大量資金投入購併中，儘管資產負債表比當時大很多，但借款也隨之增加。不過，即使武田藥品不斷進行購併，與世界頂尖的諾華仍有很大的差距。

接著，請看圖表4-10，這是比較花王和P&G的損益表和資產負債表圖形。這兩家公司皆為化妝品和盥洗用品業，但規模相差甚遠。P&G資產負債表往下凸一塊的原因，是因為取得庫藏股約七兆七千億日圓，幾乎跟保留盈餘等值。就像前文提過的IBM一樣，可見圖表3-17。

前面說過，安海斯—布希英博集團、諾華和P&G的特徵，在於非流動資產、商譽和商標權等資產相當豐富。由此可知，這三家公司正不斷藉由購併壯大當中。

圖表 4-10 花王（2015 / 12）V.S. P&G（2015 / 6）

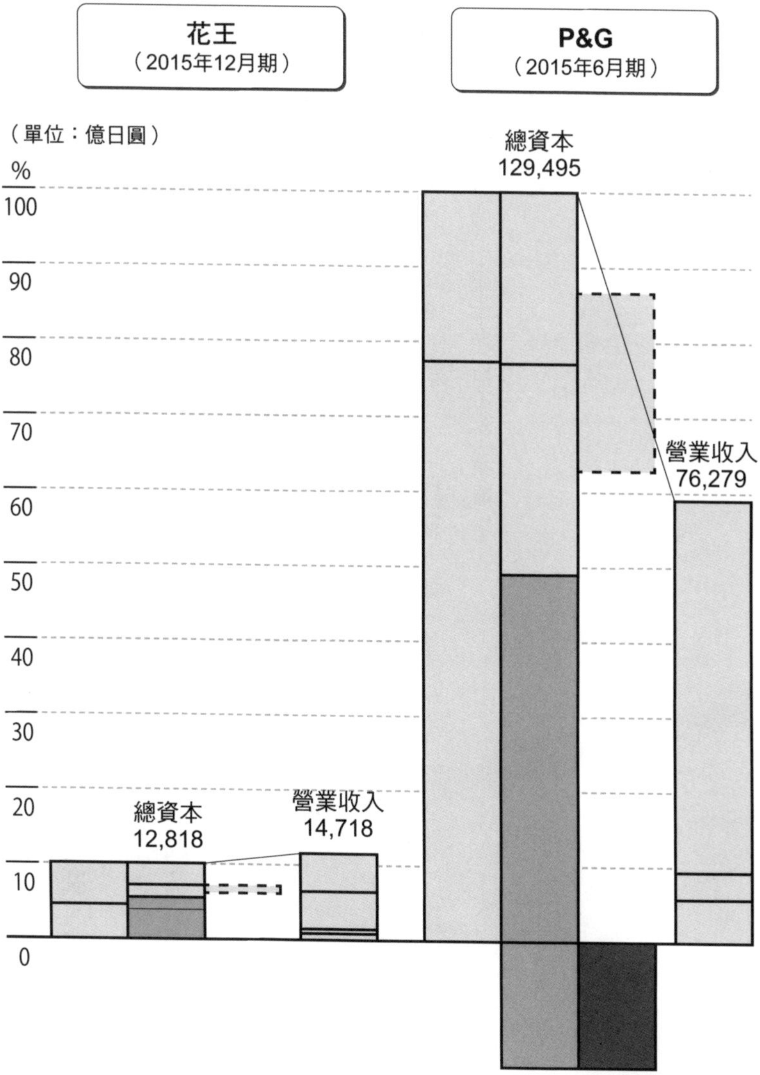
花王
（2015年12月期）
P&G
（2015年6月期）
（單位：億日圓）
%
100
90
80
70
60
50
40
30
20
10
0
總資本
129,495
營業收入
76,279
總資本
12,818
營業收入
14,718

圖表4-11則是比較永旺（AEON）和沃爾瑪（Walmart）的資料。永旺是日本最大的零售業者，營業收入約為八兆日圓，而沃爾瑪的營業收入約為四十八兆日圓，是前者的六倍。

順帶一提，豐田的營業收入約為二十八兆日圓，蘋果的營業收入約為二十三兆日圓，各位可以想像沃爾瑪的規模有多麼大。

此外，永旺的總資本周轉率低、有息負債多，是因為永旺像豐田一樣，也經營金融業務。

進入二十一世紀後，網路對各個領域產生極大的影響，世界上許多資訊都能瞬間獲得。透過網路可以從各大企業的網站中，輕鬆下載「年度報告」。從今以後，世界逐漸相連，我們必須在全球市場中與巨大企業競爭。

圖表 4-11　永旺（2016 / 2）V.S. 沃爾瑪（2016 / 1）

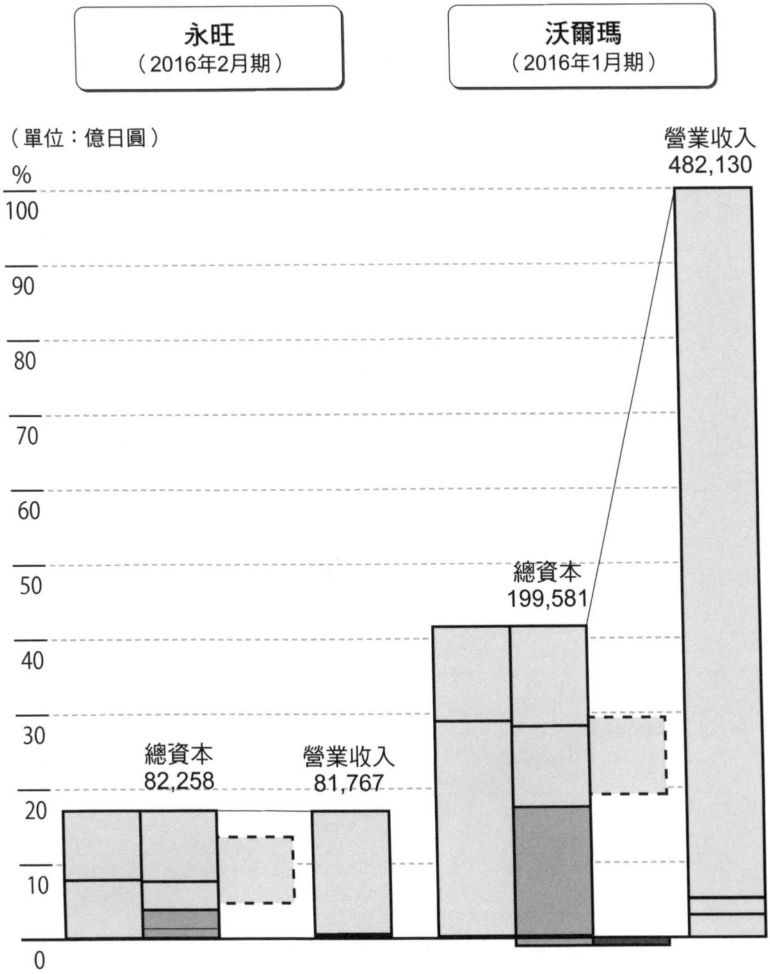
永旺
（2016年2月期）
沃爾瑪
（2016年1月期）
（單位：億日圓）
%
100
90
80
70
60
50
40
30
20
10
0
總資本
82,258
營業收入
81,767
總資本
199,581
營業收入
482,130

NOTE

NOTE

第 5 章

挑選股票時，不可遺漏哪些重點？

1 活用4個檢查重點、19項指標，為投資標的打分數

到目前為止，已說明如何從財務報表大致分析公司狀況。本章除了之前講解過的財務分析指標之外，還會向各位簡單說明必須事先了解的財務分析指標。財務分析指標一覽表，如圖表5-1所示。

◆公司的獲利狀況如何？用5指標檢查是盈還是虧

所謂的財務分析，是分析獲利性、安全性和成長性，獲利性分析的基礎在於股東權益報酬率，就是看自有資本可以轉換為多少利潤。股東權益報酬率代表整個事業的獲利性，是財務槓桿、總資本周轉率和本期淨利率相乘後的結果。

不過如各位所知，假如財務槓桿高，股東權益報酬率往往也會提高。通常財務槓桿高就是借款很多，就算股東權益報酬率高，也代表經營安全性低。

因此，資產報酬率（Return on Assets，ROA）也是作為獲利性分析的方法之一，算式為營業利益÷總資產。這項指標代表能以多高的績效使用總資產，並賺取利潤。

資產報酬率算式的分子，可以用營業利益或本期淨利代表利潤。但正確來說，分子應該用「稅前淨利」，也就是將本期淨利加上利息、股息等。

為什麼不減掉利息支出和股利支出呢？因為資產報酬率的報酬相對於總資產的報酬。也就是說，資產報酬率是要衡量相對於總資產，要給提供總資本的債權人（借錢給自己的人）和股東的報酬有多少。

反觀股東權益報酬率，則是計算相對於自有資本，給股東的報酬有多少。這裡的報酬會成為股東的股息基金，因此股東權益報酬率的分子，要使用股東分紅之前的本期淨利。

資產報酬率的觀念也一樣。以資產報酬率計算出來的報酬，將會成為支付給債權人的利息和股利基金，所以資產報酬率的分子要加上利息收入及股利收入。畢竟要分配給債權人和股東，因此要使用扣除減掉利息和股利前的「稅前淨利」。

	評估的標準
	上市企業平均以3.7～9.4%的幅度在變化。以10%為大致標準。
	展現經營方向的指標，而非評估好壞。
	依行業而有很大的差異。
	依行業而異。
	上市企業平均以3.7～6.7的幅度變化。
	未滿100%就不太理想。
	100%以上為理想值。
	100%以內為理想值。
	超過100%就不太理想。
	上市企業平均以37～42%的幅度變化。
	依行業而異，通常以1.5個月為大致標準。
	依行業而異，通常以1個月為大致標準。
	依行業而異。
	依行業而異。
	上市企業平均以70～82%的幅度變化。
	上市企業平均以3.7～4.4個月的幅度變化。
	以10年以內為大致標準。
	以100%以下為大致標準
	10倍以上為理想值。

圖表 5-1 主要財務分析指標的算式和評估的標準

	分析指標	算式	
獲利性	股東權益報酬率（ROE）	本期淨利÷自有資本	
	財務槓桿	總資本÷自有資本	
	資本周轉率	營業收入÷總資本	
	本期淨利率	本期淨利÷營業收入	
	資產報酬率（ROA）	營業利益÷總資產，或稅前淨利÷總資產	
安全性	流動比率	流動資產÷流動負債	
	速動比率	速動資產÷流動負債	
	固定比率	非流動資產÷自有資本	
	固定長期適合率	非流動資產÷（自有資本＋非流動負債）	
	自有資本比率	自有資本÷總資本	
	短期流動性比率	（約當現金＋短期有價證券）÷月營業收入	
活動性	存貨周轉週期	存貨資產÷月營業收入	
	應收帳款周轉週期	應收帳款÷月營業收入	
	應付帳款周轉週期	應付帳款÷月營業收入	
債權人關注指標	有息負債比率	有息負債÷自有資本	
	有息負債月營業收入倍率	有息負債÷月營業收入	
	債務償還年數	有息負債÷（營業利益＋折舊費用）	
	負債權益比率	有息負債÷（現金存款＋有價證券＋非流動資產）	
	利息保障倍數	營業利益÷支付利息，或稅前淨利÷支付利息	

※評估當中的「上市企業平均」是《產業別財務資料指南二〇一五年》過去十年的演變，但是會排除異常值。

其次，要稍加說明投資報酬率。雖然使用本期淨利當作衡量獲利與否的財務分析指標，但分子卻會影響呈現的結果。

毛利率會顯示營業收入和成本的差額。合併財務報表當中，會將許多事業的毛利混在一起，或許看了毛利率也收穫不大。然而，若是單純的生意，就可以看出商品的魅力程度和商品本身的報酬率。

營業利益率是本業營業活動帶來的報酬率，經常利益率是整個事業經常性活動帶來的報酬率，包含營業活動以外的籌資活動等項目，無需贅言。

◆買進這家公司股票安全嗎？6指標幫你確認投資風險

關於安全性的分析指標，前面已經介紹有「流動比率」、「固定比率」、「固定長期適合率」、「自有資本比率」和「短期流動性比率」等等。

同樣常用的還有「速動比率」，算式為速動資產÷流動負債。速動資產為現金及約當現金＋應收帳款＋應收票據＋短期有價證券。短期有價證券包含在流動資產，是以買賣為目的的有價證券。速動資產不包含流動資產的庫存等存貨。速動資產如「速動」

一詞，是能夠馬上變現的資產。

相較於必須在一年內償還的流動負債，能馬上變現的速動資產愈多愈令人放心。

◆庫存多寡會影響獲利嗎？用3指標確認公司活動力

運用流動資產和流動負債的項目，可以用來分析企業的活動性。像是分析持有的庫存是否太多？未回收的應收帳款會不會積壓很多？

可以用「存貨周轉週期」分析庫存是否太多，算式為存貨資產÷（營業收入÷12），也就是持有的存貨等於幾個月的月營業收入。有時會用庫存周轉週期來表示，不過意思是一樣的。計算存貨周轉週期時，有時會用營業成本而非營業收入當分母。儘管這樣做比較有邏輯，不過實務上分母多半使用營業收入。

接著，可以用「應收帳款周轉週期」檢視未回收的應收帳款是否過多，算式為（應收帳款＋應收票據）÷（營業收入÷12）。這可以看出應收帳款是月營業收入的幾倍，跟應付帳款周轉週期的概念一樣。

◆貸款什麼時候能還清？5指標為你檢視償債能力

財務分析指標當中，有一些是讓債權人特別關注的項目，例如借款會不會如數歸還。這些指標的算式請參照圖表5-1的「債權人關注指標」。

這裡要講解幾個難懂的部分。首先，為什麼債務償還年數算式的分母為（營業利益＋折舊費用）？

讓利潤和現金產生龐大差距的要素，是「應收帳款的變化量」、「應付帳款的變化量」和「折舊費用」三項。營業活動穩定的公司，應收帳款和應付帳款很少會產生劇烈改變。既然如此，讓利潤和現金差距變大的主要因素在於折舊費用。換句話說，將折舊費用加回營業利益後，即可大致明白當期營業活動賺取的現金金額。而所算出的債務償還年數，則可大致看出當期需賺取多少利潤才可以償還借款。

「負債權益比率」指的是能夠借款的能力有多少，可看出對借款擁有多少擔保能力。因此，分母（現金存款＋有價證券＋非流動資產）代表擔保能力。這裡的有價證券，包括流動資產中的有價證券和非流動資產中的長期有價證券兩項。

利息保障倍數（Interest Coverage Ratio）的 Interest 是指利息。各位只要回顧損益表的結構，就會發現利息放在營業利益下面，可看到能貼補利息支出的營業利益有多少。不過正確來說，分子的營業利益也該用資產報酬率中的稅前淨利。

雖然圖表 5-1 中寫著評估標準，但就一般情況而言，這些標準會因行業而異，也會因公司的規模和狀況而有所不同。請各位搭配事業的實況分析各式各樣的公司，實際體會實質評估的標準。

另外，財務分析指標的算式會因書籍的見解，而有微妙的差異。本書雖然未深入討論細節，但盡量有邏輯性地講解各分析指標整體的意義，且便於實際用於財務分析。

2 哪家公司的股價、股息比較好？挑選物超所值的標的

◆業績與股市到底有何關係？懂得2指標能避免吃大虧

接下來，介紹對投資人來說相當重要的分析指標。投資人關注的基本上是股價和股利，以下透過圖解，教大家如何快速掌握公司的業績和股票市場的關係。

◎股票市盈率（Price Earnings Ratio，PER）

股票市盈率會呈現股票市面價值（時價總額＝股價×已發行股數），與公司本期淨利之間的關係，算式如下。兩個算式的差異在於從時價總額或每股單位來看。

・股票市盈率＝時價總額÷本期淨利
・股票市盈率＝股價÷每股本期淨利

假如股價為五百日圓，每股利潤為十日圓，股票市盈率就是五十倍。換句話說，這項指標可看出股價相對於公司利潤落在哪個程度。倘若股票市盈率低，就代表股價相對於公司的利潤較低，可以說「相當划算」。

◎股價淨值比（Price Book-value Ratio，PBR）

股價淨值比可看出股市評估的公司價值（市值），與股東權益（泛指帳面價值）的關係。兩個算式的差異在於從時價總額或從每股單位來看。

・股價淨值比＝時價總額÷股東權益
・股價淨值比＝股價÷每股股東權益

這項指標可看出，相對於股東權益，股價的水準如何。假如股價淨值比低，股價

圖表 5-2　損益表、資產負債表與時價總額的關係

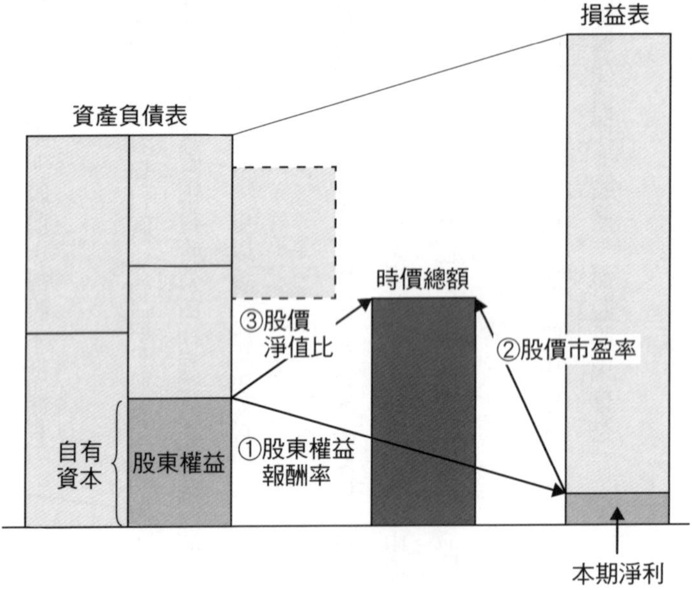

就會變得比較划算。

股價淨值比的評估標準之一是「一倍」。也就是說，股市評估的企業價值要等於資產負債表上的股東權益合計值。要是股價淨值比未滿「一」，股價就會比每股股東權益少，代表股價變得極低。

請看圖表5-2，圖中的「時價總額」安插在損益表和資產負債表之間。若能夠從這張圖了解股票市盈率和股價淨值比，就會對這些指標的關係一清二楚。

從第一章就不斷提到股

東權益報酬率是重要的財務分析指標，計算方式是將本期淨利除以自有資本（圖中的①）。股票市盈率是時價總額除以本期淨利（②），股價淨值比則是時價總額除以股東權益（③）。

關於股價和財務資料的關係，以第四章講解過的GREE案例具體說明。二〇一一年GREE因時價總額超過六千億日圓而引發議論。根據當時的有價證券報告書，GREE的已發行股數約為二億三千四百萬股，股本約二十二億日圓，股東權益合計約為八百四十億日圓。

GREE不斷分割股票，當時每股的股本經計算後約為九日圓。當時每股股東權益額約為三百六十日圓，而股價則在二千五百日圓附近變化。換句話說，股價淨值比約為七倍（相當於二千五百日圓除以三百六十日圓），真是驚人的數字。當時GREE累計的保留盈餘約為股本的四十倍，從市場來看，這家公司的價值比增長的股東權益額再多七倍。

當時創辦GREE的董事長持有約一億一千二百萬股，將近已發行股數的一半，計算一下，他持有的資產約為二千九百億日圓。這印證了在知識型社會中成功發展事業，能得到這種成果。不過優秀的知識勞動者不會考慮賣掉二千九百億日圓的股票，過著悠然自得的生活，畢竟人不是單憑金錢行動的生物。

◆從股息的發放率和殖利率，評估投資標的的股息

說著說著不小心變成了老生常談，現在回到正題。接下來要討論的是關於股息的分析指標。

◎股息發放率（%）

股息發放率表示本期利潤中要支付多少百分比的股息。算式如下：

・股息發放率（%）＝股利總額÷本期淨利×一〇〇

◎股息殖利率（%）

股息殖利率是股息佔股價多少比例的指標。算式如下：

・股息殖利率（%）＝每股股利÷股價×一〇〇

3

請注意！粉飾營收、操作數字有3種方法

◆虛報庫存、更動工程時間，直接操作損益表數字

說到做假帳，各位或許會想到降低利潤以減輕稅賦。不過，社會上因為做假帳而引發話題的案例，幾乎都是讓赤字看起來像黑字，或是累計黑字金額。東芝的例子也是如此。

許多企業產生赤字後，就陷入困境，因為一旦出現赤字，金融機關就不願再借錢，導致持續赤字、無力償付，若沒在一年內化解危機，上市企業就會被迫下市。

這裡將依照下一頁圖表5-3記載的順序，說明讓赤字看起來像黑字的做假帳花招。

首先是虛報營收，或認列已知將取消訂單的營收（圖中的①）。這項操作很簡

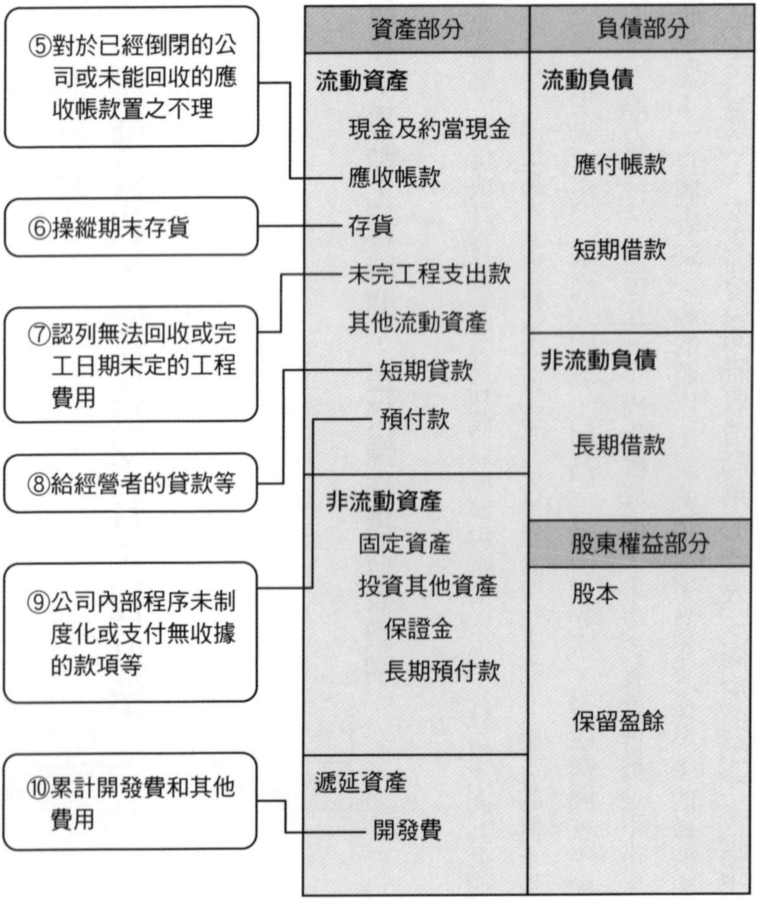
⑤對於已經倒閉的公司或未能回收的應收帳款置之不理
⑥操縱期末存貨
⑦認列無法回收或完工日期未定的工程費用
⑧給經營者的貸款等
⑨公司內部程序未制度化或支付無收據的款項等
⑩累計開發費和其他費用
資產部分
流動資產
現金及約當現金
應收帳款
存貨
未完工程支出款
其他流動資產
短期貸款
預付款
非流動資產
固定資產
投資其他資產
保證金
長期預付款
遞延資產
開發費
負債部分
流動負債
應付帳款
短期借款
非流動負債
長期借款
股東權益部分
股本
保留盈餘

圖表 5-3　做假帳的花招

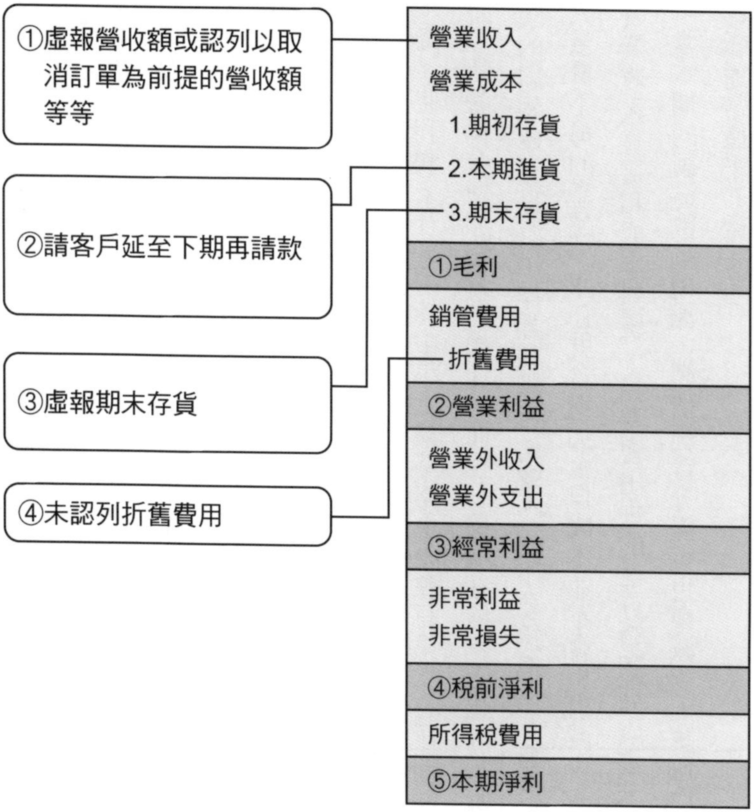
①虛報營收額或認列以取消訂單為前提的營收額等等
②請客戶延至下期再請款
③虛報期末存貨
④未認列折舊費用
營業收入
營業成本
1.期初存貨
2.本期進貨
3.期末存貨
①毛利
銷管費用
折舊費用
②營業利益
營業外收入
營業外支出
③經常利益
非常利益
非常損失
④稅前淨利
所得稅費用
⑤本期淨利

單，就是透過不實的應收帳款認列營業額。當然，這麼一來資產負債表的應收帳款也會相對增加。

另外，若決算期在三月底，還可以在期末前拜訪客戶，請對方在三月底前購買商品，四月時再取消訂單。假如對方願意，就可以先在本期編列營收額，等四月一到再就取消這筆應收帳款。

營業收入和營業成本原本必須直接對應，但是拜託供貨商或客戶延至下期再請款，阻止認列營業成本、抬高利潤的手段也很常見（②）。

最簡單的利潤操弄手法就是虛報期末庫存（③）。期末認列庫存後，本期的營業成本就會下降、使利潤上升。由於中小企業基本上不會有第三方仔細盤點實際庫存，當利潤上升時，朝著稅金增加的方向操作，而稅務機關在盤點上也睜隻眼閉隻眼。

這裡說的虛報庫存是為了操弄利潤，希望各位不要搞混。一般的製造業或相關產業若做出大量賣不掉的產品，庫存就會增加，但成本並不會相對減少。

由於營業收入直接和成本對應，只有賣出去的部分會認列成本，因此無法提升利潤。不過，當本期的製造數量增加，製造經費分攤後也會減少，讓每件產品的成本多少降低，但影響通常微乎其微。

另外，為了讓財報更漂亮，有些更過分的公司還會不認列折舊費用（④）。

◆將應該列入損益表的費用，累計到資產負債表上

接下來要說明資產負債表做假帳的模式，主要是將原本必須認列到損益表的費用累計到資產負債表。

首先，若往來的客戶當中有已倒閉的公司，卻對未能回收的應收帳款置之不理（⑤），就可以少認列損失。一般情況下，若未能回收應收帳款，就必須在損益表認列為「非常損失」，但這樣會使利潤變差，因此有些公司怠於處理。

操縱期末存貨（⑥）跟虛報期末存貨（③）相輔相成。因為損益表和資產負債表有連帶關係，只要將虛報到損益表上的庫存，認列成資產負債表的庫存，資產負債表就會呈左右一致。

有些承攬工程的公司會累計「未完工程支出款」，並認列為資產（⑦）。工程開工會產生費用，但若工程尚未完工，工程上的費用就會被當成未完工程支出款，認列到資產當中。即使已經完工，只要將本期費用當成資產認列，就不會讓損益表惡化。這種

手段與東芝操弄工程進度的標準相似。

給經營者的「短期貸款」也是經常使用的花招（⑧）。對於中小企業經營者來說，變成黑字最簡單的方法就是減少自己的薪水，如此一來利潤便上升。然而，經營者也要生活，這時只要公司將經營者的薪水改以短期貸款的名義支出，經營者不但能拿到現金，損益表也不會惡化。

「暫付款」也啟人疑竇（⑨）。所謂「暫付款」，是指出差時事先領款，事後再精算的錢款。儘管必須在當期當成費用處理，但有些內部規定草率的公司會將暫付款當成資產置之不理。另外，有些公司無法處理拿不到收據、用途不明的款項，就會直接當作是暫付款。

最後則是將開發費認列為「遞延資產」（⑩）。開發費通常會被當成費用認列到損益表。不過，若開發成果將來才會展現，為了掌握開發的營收和費用，要先將開發費認列為遞延資產，並允許事後償還。但有心人士會濫用這點，將原本必須以本期費用名義認列的金額，當成開發費認列到資產負債表。

遞延資產必須從費用發生該期算起，分五年償還，但有些過份的公司認列遞延資產後，便不聞不問。

沒有償還遞延資產顯然是違法行為，但就算偽裝經營實況，將原本會計上不該認列的開發費認列為遞延資產，或是以短期貸款的名義融資給社長，外部人士也無法馬上知道是否違法。換句話說，損益表和資產負債表是股東和經營者的意志，就算進行某種程度的操縱也難以發現。

如前文所述，即使產生費用，只要將這筆費用認列為資產，就不會讓損益表惡化。因此，有些體質差的公司會以「保證金」或「長期預付費用」等名目，將不明原因的費用化為在資產負債表上的資產。

◆粉飾財報的事例，凸顯人類欺騙的劣根性

我再重申一次，從財務報表看穿假帳極為困難。不過，看了幾年同一家公司的財務報表後，做假帳的公司會出現某些訊號。

由於損益表和資產負債表有連帶關係，若因為虛報應收帳款而增加營收的利潤，虛報的應收帳款會記載在資產負債表中。同樣地，若因為虛報庫存而增加利潤，虛報的庫存會記載於資產負債表中。

事業活動穩定的公司，應收帳款和庫存量很少大起大落。因此，如果一家公司的營收規模多年未變，應收帳款卻突然增加或是庫存激增，各位就要有所警覺。另外，一直在應收帳款和庫存上做手腳的公司，應收帳款和庫存會不斷累積，與業界標準的應收帳款周轉週期和存貨周轉週期相比，理應會出現異常。

做假帳的人無論何時何地都會坑矇拐騙，人類的劣根性會顯現在財務報表的各個地方。

Column 5

管理者得謹記，做財報時最重要的是……

第二章談過三菱汽車的偽造油耗，第三章談到東芝不當會計。為什麼這兩件事會成為影響社會的重大問題呢？

原因很簡單，因為他們「明知不可為而為之」。不管是工程師、業務員，還是經營者，凡是以專家身份工作的人，都必須遵從專家應盡的職業倫理。

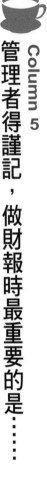

人類不是完美的生物，經常遭遇失敗。若踏踏實實拚命去做卻失敗，別人多少會寬容看待。然而，明知不可為卻故意作惡，則不可饒恕。

三菱汽車透過降低成本，獲得一千億日圓規模的本期淨利。儘管如此，偽造油耗問題仍導致工廠長期停止生產。二〇一六年三月期的決算宣布將金額下修為一百九十一億日圓，二〇一七年三月期恐怕會跌落為一千四百五十億日圓的赤字⓯。另外，發包的下游業者當中，還出現準備進入自行申請破產程序的公司，實在很遺憾。

杜拉克說過，專家的首要責任是不蓄意為惡，經理人最寶貴的資質在於真誠，即使沒有才能也不會惹出大問題，但缺乏真誠的人會破壞一切。「真誠」的英文是 Integrity，也是「一貫」的意思，指的是言行合一。人類從古至今的社會中，最重要的原則未曾改變。

⑮ 根據三菱汽車官網上的損益表，二〇一七年三月期的本期淨利以一千九百八十五億兩千四百萬日圓的赤字作收。

4 這門財務分析課的算式，有什麼特點？

◆財務槓桿的分母，不包含哪些數字？

本書財務槓桿的算式為總資本÷自有資本，也適用於計算股東權益報酬率的整體架構，講解起來比較容易。

前作用過的算式為有息負債÷股東權益，使用的名稱是「槓桿比率」。為了與前作區隔，將這次的名稱變更為「財務槓桿」。

財務分析指標的算式沒有法定定義。正確來說，資金調度中的槓桿，是釐清長期資金究竟是透過自有資本還是負債調度。

負債中蘊含許多不是為了調度資產的債務，包括「應付帳款」、「應付所得稅」和「代收款項」。另外，短期借款基本上不是為了調度資產，而是應付平常營運所需的資金。

正確計算財務槓桿時，他人資本是為了取得資產的長期資金，稱為「長期負債」。具體來說，非流動負債當中的「長期借款」、「公司債券」和「租賃債務」等項目就是長期負債。

不過，會計上將預計一年內償還的長期債務涵蓋於流動負債中，從長期負債的意義來看，除了上述三個項目外，還包含流動負債中「預計一年之內償還的長期借款」、「預計一年之內償還的公司債券」和「租賃債務」等項目。圖表5-4負債部分的粗體字項目就是長期負債。

以上的觀念是正確的，但對非財經專業者來說，平常沒用到的會計專業術語一大堆，又談到長期負債，還要計算數字，根本是一種折磨。因此，前作的槓桿比率分子，就使用本書屢次出現的「有息負債」來計算，因為有息負債與長期負債的差額就是短期借款。

圖表 5-4　長期負債是什麼？

資產部分	負債部分
	流動負債 　應付帳款 　短期借款
粗體字為長期負債	**預計一年以內償還的長期借款 預計一年以內償還的公司債券 租賃債務**
	應付所得稅費用 代收款項 非流動負債
	長期借款 公司債券 租賃債務
	應計退休金負債
	股東權益部分
正確計算股東權益報酬率時的自有資本	**I 股東權益 1股本 2資本公積 3保留盈餘 4庫藏股票 II 其他綜合利益累計額**
	III 權證 IV 非控股股東權益

◆計算ROE時，得注意「自有資本」的內涵

再來還要稍微說明股東權益報酬率的算式。這本書使用的股東權益報酬率算式為本期淨利÷自有資本。

正確來說，股東權益報酬率分母的自有資本，並非股東權益合計，因為分母部分的自有資本不包含股東權益中的「權證」和「非控股股東權益」。

這裡先說明股東權益、自有資本和股東資本⑯這些詞彙以供參考。各位讀者當中，應該有很多人看了各種書籍後，仍不了解自有資本和股東資本之間的差異。

二〇〇六年五月施行日本公司法前，如今的股東權益稱為「資本部分」，又稱為股東資本、自有資本。因為股東的資本不只有股本，還包含保留盈餘等其他項目在內，所以統稱為資本部分。

就如圖表5-5所示，日本公司法施行之後，除了將資本部分的通稱改為股東權益，原本負債部分中的「權證」，以及負債和資本的中間項目「少數股東權益」，也納入股東權益（以前稱為「少數股東權益」，現在則稱為「非控股股東權益」）。換句話說，公司法施行前的資本部分和現在的股東權益金額不同。

說得再細節一點，就是將股本和保留盈餘，歸納到日本公司法施行後的股東權益中，為圖表5-5中的「I股東權益」。

一直以來，股東資本和自有資本的用法就沒有明確劃分，日本公司法施行前也不會因此而對實務有所妨礙。不過，公司法施行後明確規定：在決算概況和有價證券報告書中，計算股東權益報酬率時，分母的自有資本相當於過去稱作股東資本和自有資本的項目。如此一來就不會搞混，而與以往的計算結果比較時，也不會造成妨礙。

換句話說，公司法施行前稱為股東資本和自有資本的項目，跟公司法施行後資產負債表上的股東權益不同，為了要與資產負債表上的股東權益明確區分，多半不會使用股東資本一詞，而會稱為自有資本。

因此，公司法施行前出版的書籍中，財務分析指標的算式上寫著股東權益的項目，並非資產負債表上的股東資本，而要視為自有資本（從股東權益合計扣除權證和非控股股東權益後的金額）。

現今在日本，很少書籍將自有資本報酬率寫成股東權益報酬率，要用「自有資本

⑯股東資本為日本公司法修法前的股東權益舊稱。

圖表 5-5 日本公司法施行前後的差異

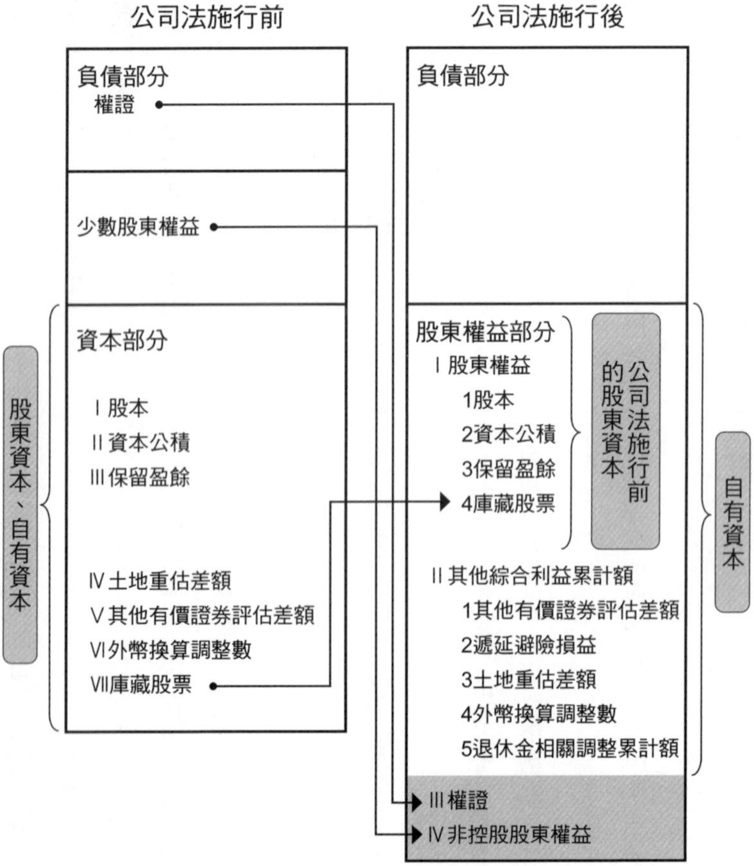
公司法施行前
負債部分
權證
少數股東權益
資本部分
I 股本
II 資本公積
III 保留盈餘
IV 土地重估差額
V 其他有價證券評估差額
VI外幣換算調整數
VII庫藏股票
股東資本、自有資本
公司法施行後
負債部分
股東權益部分
I 股東權益
1股本
2資本公積
3保留盈餘
4庫藏股票
公司法施行前的股東資本
II 其他綜合利益累計額
1其他有價證券評估差額
2遞延避險損益
3土地重估差額
4外幣換算調整數
5退休金相關調整累計額
自有資本
III 權證
IV 非控股股東權益

報酬率⓱」才是正確的。

不過再一次強調，本書股東報酬率算式的分母，並非正確意義下的自有資本，而是股東權益意義下的自有資本。

因此，若分析的公司是擁有許多關係企業、非控股股東權益金額很多的公司，例如第三章說明的軟銀，那麼，本書計算的股東權益報酬率，會與正確算式的股東權益報酬率出現極大差距。順帶一提，軟銀的非控股股東權益比率約佔股東權益合計的二五%，至於永旺則約佔三七%。

本書最大的目的，是讓讀者了解財務分析的基本觀念。因此，對於財務分析指標的計算數值，與其追求正確，不如使用概略數字，以便讓讀者大致了解整體狀況。

另外，本書使用的財務資料，是採用各家公司有價證券報告書或年度報告的數字。只有二〇一六年三月期以後的決算資料，用的是決算概況的數字。

⓱ 原書也用「自有資本報酬率」取代「股東權益報酬率」一詞，不過臺灣慣用稱呼仍是「股東權益報酬率」。所以除了此處之外，一律稱為「股東權益報酬率」。

5 資訊全球化時代，這樣取得外國企業財務資料

◆想取得日本上市公司財報，可以活用資料庫

各位看到這裡，應該會想要看看眾家公司的財務報表吧？日本上市企業的有價證券報告書和決算概況，多半可從該公司網站的「股東投資人資訊」、「IR資料室」和「IR資料庫」下載。補充說明一下，IR來自於投資人關係（Investor Relations）的簡稱。

有價證券報告書是依照金融商品交易法規定，每個事業年度都要製作的企業公開資料。通常舉行定期股東會議後才會公布有價證券報告書，定期股東會議一般會在決算日翌日起三個月內舉行，三月底決算的公司會在六月底時召開定期股東會議，之後再公

開有價證券報告書。

決算概況是上市企業遵守證券交易所公告的規則，在決算發表時提出的資料。三月底決算的公司會在四月到五月之間發表。

有價證券報告書和決算概況發表的時機不同，有價證券報告書的財務資料與決算概況的財務資料，會出現微妙差異。儘管兩者有時會出現很大的落差，但大多數情況則沒有顯著不同。

若公司網站上沒有公布財務資料，可以從金融廳的 EDINET 網站免費下載。從這套電子公告系統，能找到依金融商品交易法製作的有價證券報告書及其他公開文件。EDINET 的搜尋畫面示意圖（二〇一六年五月時的網站資訊）如圖表 5-6。使用搜尋網站搜尋「EDINET⑱」後就會出現這個畫面。

只要將公司名稱輸入到畫面中的「提交人／發行商／基金會」，點選最下方的「搜尋」按鈕，就會顯示財務資訊一覽。儘管有價證券報告書因公司而異，卻有多達

⑱ 欲獲取日本企業財報的讀者，可於 EDINET 網站首頁上方找到「書類檢索」的按鈕，在「提出者／發行者／ファンド」一欄中輸入想查詢的公司後按下「檢索」按鈕，並將選單下拉點選想查詢的年度，目次中「經理の狀況」即為該公司的會計資料。

圖表 5-6 EDINET 的文件搜尋畫面

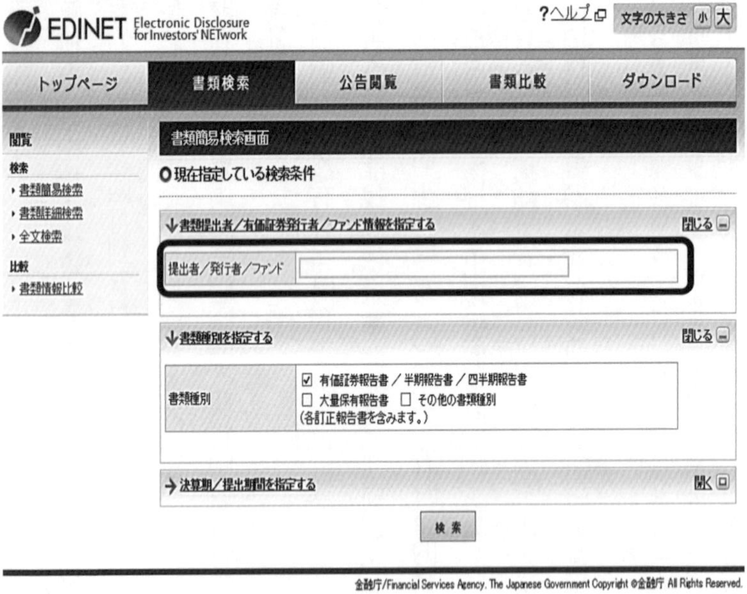
?ヘルプ
文字の大きさ 小 大
EDINET Electronic Disclosure for Investors' NETwork
トップページ
書類検索
公告閲覧
書類比較
ダウンロード
閲覧
検索
書類簡易検索
書類詳細検索
全文検索
比較
書類情報比較
書類簡易検索画面
現在指定している検索条件
書類提出者／有価証券発行者／ファンド情報を指定する
閉じる
提出者／発行者／ファンド
書類種別を指定する
閉じる
書類種別
有価証券報告書／半期報告書／四半期報告書
大量保有報告書
その他の書類種別
(各訂正報告書を含みます。)
決算期／提出期間を指定する
開く
検索
金融庁/Financial Services Agency. The Japanese Government Copyright ©金融庁 All Rights Reserved.

一百頁的龐大資料，架構如下：

第一　企業概況
第二　事業狀況
第三　設備狀況
第四　提交公司的狀況
第五　會計狀況
第六　提交公司股票事務的概要
第七　提交公司的參考資訊

在第五項「會計狀況」裡，財務報表會出現在有價證券報告書中較後面之處。有價證券報告書不只刊登財務報表，還記載事業內容、應當處理的課題、部門別財務資訊，以及其他與經營公司有關的各種資訊。只要大概看一下有價證券報告書，就能取得許多饒富興味的資訊。

◆美國上市財報有許多種類，依照需要來選擇

歐美公司的財務報表就跟日本的公司一樣，可以從眾家公司的網站上取得。財務報表會放在網站內的「投資人關係」（Investor Relations）中，以年度報告（Annual Report）或ＳＥＣ檔案（SEC filings）的名義公開。ＳＥＣ是美國證券交易委員會（U.S. Securities and Exchange Commission）的簡稱。

假如沒刊登在公司的網站，則可從美國證券交易委員會的「公司搜尋」（Company Search）網頁上取得 10-K。10-K 是美國政府要求上市公司編製的財務報表年度決算格式。除了 10-K 之外，還有季度報告（Quarterly reports）的 10-Q，及臨時報告（Current reports on material corporation events）的 8-K 等。

公司搜尋的畫面示意圖（二〇一六年五月時的網站資訊）如圖表 5-7。網址如下：

https://www.sec.gov/edgar/searchedgar/companysearch.html

假如在公司名稱輸入想取得的財務報表公司名稱，再點選「搜尋」（SEARCH）按鈕，列出的清單就會與想要查詢的公司名稱一致。從中選擇想要查詢的公司後，則會顯示該公司的各種格式。從中選擇欲查詢年度的10-K，就得以找到相關財務資訊。

圖表 5-7　SEC 的「公司搜尋」畫面

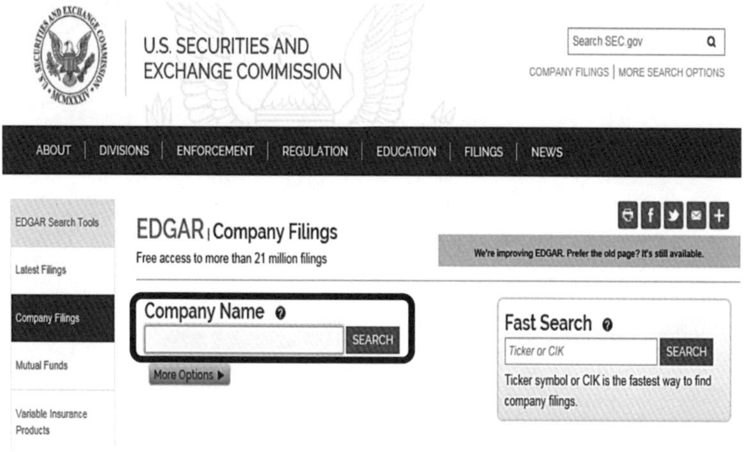

順帶一提，本書提到的 IBM 正確公司名稱為 International Business Machines Corporation，請留心別搞錯了。

後記

分析財報就像尋寶，讓你發現獲利又誠實的好公司！

本書的重點，是淺顯易懂地解說適合會計素人的財務分析觀念，以及解讀財務資料的方法。期盼每個人閱讀本書後，都會做財務分析，而各位是否稍微變得想看財務資料呢？

閱讀本書後，想在財務會計領域更為精進的人，請大量分析知名公司的財務報表。相信不只會有新發現，也能磨練分析財報的能力。

雖然第五章的圖表5-1登載財務分析指標一覽表，不過這些財務分析指標並非絕對的評估標準，會因行業不同而產生很大的差異。若想提升財務分析的能力，只能靠實際分析大量財報，來累積經驗。

迄止為止，我撰寫的「財務三表」系列包括以下三部作品：

①《增修改訂版財務三表整體理解法》（財務會計架構理解篇，此為《稅務人員

都跟他學的財報課》的增修版）

②《基本面一哥教你財報分析課》（透過圖解進行財務分析篇）

③《財務三表實踐活用法》（管理會計、規畫會計和企業價值評估等實踐篇）

這次趁著修訂的機會，挪動原書的部分內容。理解篇歸理解法，分析篇歸分析法，讓書籍的標題與內容一致。

具體來說，是將原本《財務三表整體分析法》的「決算表解讀竅門」移到本書，並將原本《財務三表整體分析法》合併報表和分紅的內容，移到《增修改訂版財務三表整體理解法》，再補寫及修訂兩書的內容。

另外，企業價值評估、企業再造的步驟、奧林巴斯的創意會計，以及其他適合在《增修改訂版財務三表整體理解法》和本書說明的內容，則受限於篇幅，所以將詳細的說明交給《財務三表實踐活用法》。因修訂而挪動內容，或許會造成各位讀者的不便，敬請見諒。

透過撰寫本書，我再次深切感受到管理對企業經營的重要性。策略和決策會大幅左右公司的命運，人類不真誠的態度則會破壞組織。

我深信只要了解並實踐杜拉克管理學，企業就會變得美好。蒸蒸日上的公司具有共通特徵，就是符合杜拉克管理學整理及傳授商場第一線的真理。

迄今我度過的五十五年人生中，沒有了不起的優點，到了這把年紀有點感慨。然而，將別人覺得困難的領域傳授得淺顯易懂，不就是我的長處嗎？

介紹自己的著作實在不好意思。對杜拉克管理學感興趣的人，請閱讀拙著《登峰造極杜拉克》。如同《增修改訂版財務三表整體理解法》能讓讀者了解會計的整體樣貌和基本機制，《登峰造極杜拉克》能讓讀者明白杜拉克管理學的整體樣貌和基本觀念。

而且，我希望各位藉由了解及實踐杜拉克管理學，打造一個讓許多人安心工作，並透過工作感受生活意義的公司。哪怕有人指責我只顧著介紹自己的著書，也一定要把這本書介紹給大家。

最後，我想借此向幾位人士傳達感謝的心意，第一位是這十年來幫我檢閱書中內容的朋友。雖然因故不能寫明姓名，但身為會計師的他總是仔細檢查內容。托他的福，讓非會計專家的我能有信心讓會計書問世。

第二位是開發本書圖解分析用繪圖軟體《財務看得見》的五十嵐義和先生。假如沒有《財務看得見》，我無法憑一己之力撰寫這本書。相較於徒手繪製損益表和資產負債表的圖形，繪圖時間縮短到百分之一以下。

第三位是朝日新聞出版的首藤由之先生。首藤先生是我二〇〇九年出版著作的朝日新書責任編輯，之後歷任朝日新書的總編輯和書籍編輯部部長。儘管如此，他還是和以前一樣，站在編輯的立場惠賜許多建議，耐心等待原稿完成。

最後則是盡力襄助本書出版的所有相關人員。書籍出版之際，我總是在想：一本書完成前，要歷經排版、設計、校對、印刷和其他步驟，由各方專家卯足全力。尤其本書有大量圖表，非一般書籍可比。要投入智慧、本領及非比尋常的工夫，逐一修飾成清晰易讀的圖表。

另外，本書送達各位讀者手邊之前，業務、經銷商及書店的各位人士也是卯足全力。由於各方無名英雄盡力幫忙，這本書現在才會在各位讀者身邊。

僅借這個機會，向盡力投入本書出版的人們誠心致上感謝。衷心期盼這本書能夠幫助許多人。

NOTE

國家圖書館出版品預行編目（CIP）資料

阿甘財報課：選股不難，我用一張圖表教你挑出獲利又誠實的好公司！
/ 國貞克則著；李友君譯
－－二版. －－新北市；大樂文化，2021.01
面； 公分. －（BIZ：079）
譯自：財務 3 表図解分析法

ISBN 978-986-5564-02-5（平裝）
1. 財務報表
495.47 109016644

BIZ 079

阿甘財報課

選股不難，我用一張圖表教你挑出獲利又誠實的好公司！

（原書名：《基本面一哥教你財報分析課》）

作　　者／國貞克則
譯　　者／李友君
封面設計／王信中
內頁排版／思　思
責任編輯／劉又綺
主　　編／皮海屏
發行專員／呂妍蓁、鄭羽希
會計經理／陳碧蘭
發行經理／高世權、呂和儒
總編輯、總經理／蔡連壽
出 版 者／大樂文化有限公司
地址：新北市板橋區文化路一段 268 號 18 樓之 1
電話：（02）2258-3656
傳真：（02）2258-3660
詢問購書相關資訊請洽：2258-3656
郵政劃撥帳號／50211045　戶名／大樂文化有限公司

香港發行／豐達出版發行有限公司
地址：香港柴灣永泰道 70 號柴灣工業城 2 期 1805 室
電話：852-2172 6513　傳真：852-2172 4355

法律顧問／第一國際法律事務所余淑杏律師
印　　刷／韋懋實業有限公司

出版日期／2018 年 11 月 26 日
2021 年 1 月 25 日二版
定　　價／300 元（缺頁或損毀的書，請寄回更換）
I S B N 978-986-5564-02-5

版權所有，侵害必究 All rights reserved.
“ZAIMU 3PYO ZUKAI BUNSEKIHO” by Katsunori Kunisada
Copyright © 2016 Katsunori Kunisada
Original Japanese edition published by Asahi Shimbun Publications Inc.
This Traditional Chinese language edition is published by arrangement with Asahi Shimbun Publications Inc., Tokyo in care of Tuttle-Mori Agency, Inc., Tokyo through AMANN CO., LTD., Taipei.
Traditional Chinese translation copyright © 2021 Delphi Publishing Co., Ltd.

大樂文化

大樂文化